小小科学馆 知识天天看

兵器小百科

策划：光玉
主编：郭漫

航空工业出版社
北京

内 容 提 要

本书系统地介绍了超酷枪械、烈火战车、威猛军舰、铁翼军机、智能导弹中最具代表性的先进主战武器，几乎包括了两次世界大战中所有著名武器和各国现役的主战武器。

书中用通俗易懂的语言，通过系统的类别归纳，将兵器最完整的一面展现在您的面前。对于特别痴迷兵器的读者来说，更是提供了每种兵器最翔实的技术指标和性能参数，供您参考；对于中小学生及广大青少年爱好者来说，调理清晰的介绍也能使您在轻松愉悦的阅读中了解和熟悉各种兵器的特征和性能。

图书在版编目(CIP)数据

兵器小百科/郭漫主编. --北京：航空工业出版社，2013.5（2020.7重印）
(小小科学馆)
ISBN 978-7-5165-0049-1

Ⅰ.①兵… Ⅱ.①郭… Ⅲ.①武器—儿童读物 Ⅳ.①E92-49

中国版本图书馆 CIP 数据核字(2012)第 165698 号

兵器小百科
Bingqi Xiaobaike

航空工业出版社出版发行
(北京市朝阳区北苑 2 号院　100012)
发行部电话：010-84936597　010-84936343

北京一鑫印务有限责任公司印制　　全国各地新华书店经售
2013 年 5 月第 1 版　　2020 年 7 月第 3 次印刷
开本：700×1000　1/16　　印张：8　字数：240 千字
印数：25001-30000　　定价：16.80元

前言

作为一部百科全书性质的图书，本书系统地介绍了超酷枪械、烈火战车、威猛军舰、铁翼军机、智能导弹中最具代表性的先进主战武器 100 多种，几乎包括了两次世界大战中所有著名武器和各国现役的主要武器。

与其他兵器类图书不同，本书没有让您在过多的专业术语中耗费精力，而是用通俗易懂的语言，通过系统的类别归纳，将兵器最完整的一面展现在您的面前。

对于对兵器特别痴迷的读者来说，本书更是为您提供了每种兵器翔实的技术指标和性能参数以供参考。

对于普通的读者来说，条理清晰的介绍也能使您在轻松愉悦的阅读中了解和熟悉各种兵器的特征和性能。

此外，本书还特别附配了大量精美的图片，以方便读者能更加直观、感性地掌握知识，从而开拓自己的视野，丰富自己的知识。

另外，出于帮助读者加深对内容的理解及资料更新的考虑，我们对文中出现的一些专业术语及涉及到的历史事件进行了知识性的延伸，既丰富了书的内容、增加了知识体系的立体性，又使得版面更加新颖别致。

本书是一本知识丰富的兵器小百科全书，极具欣赏与收藏价值，也是家庭、学校及兵器爱好者必备的微型工具书，是青少年了解世界兵器的一本优秀的入门读物。本书不枯燥、不乏味、不流俗，为青少年在繁忙的学业之余，开启一扇丰富多彩的世界兵器之门。

但是，正如我们所知，兵器既是人类文明的产物，同时也是可以吞噬人类文明的恶魔。因此我们可以迷恋其魅力，但不要迷失自我。希望本书除了让您领略到武器的魅力和魄力外，还能体会到今天的和平生活来之不易。

编　者

目录

MULU

第1章 超酷枪械

柯尔特 M1911 式手枪 …………… 002
HK_P7 手枪 …………… 004
HK P-11 水下无声专用手枪 …………… 005
USP 通用自动装填手枪 …………… 006
伯莱塔 92 系列 9 毫米手枪 …………… 007
“沙漠之鹰” 0.44 英寸手枪 …………… 008
史密斯 – 韦森 1076 式 10 毫米手枪 …………… 009
毛瑟 HSc_7.65 毫米手枪 …………… 010
斯捷奇金冲锋手枪 …………… 011
QSZ92 式手枪 …………… 012
M14 式 7.62 毫米自动步枪 …………… 013
FN FAL7.62 毫米自动步枪 …………… 015
AK-47 式 7.62 毫米突击步枪 …………… 017
AR-10 式 7.62 毫米突击步枪 …………… 018
L85A1 式 5.56 毫米突击步枪 …………… 019
巴雷特 M82A1 大口径狙击步枪 …………… 021
SSG3000 式 7.62 毫米狙击步枪 …………… 022
SVD 狙击步枪 …………… 023
K П B 14.5 毫米高射机枪 …………… 025
П K 7.62 毫米机枪系列 …………… 026
FN BRG-15 式 15 毫米大口径机枪 …………… 027
Vz59 式 7.62 毫米通用机枪 …………… 028
FN MAG 7.62 毫米通用机枪 …………… 029
L86A1 式 5.56 毫米轻型机枪 …………… 030
维克斯 Mark1 式 0.303 英寸机枪 …………… 031

HK MP5K 系列 9 毫米冲锋枪 ············ 032
伯莱塔 M12S 冲锋枪 ············ 033
PP-2000 冲锋枪 ············ 034
FN P90 冲锋枪 ············ 035
汤普森 M1928A1 式 11.43 毫米冲锋枪 ············ 036
HK MP5SD 系列 9 毫米微声冲锋枪 ············ 037
澳司登 MK Ⅰ 式 9 毫米冲锋枪 ············ 038
UMP45 冲锋枪 ············ 039
05 式冲锋枪 ············ 040
M4 式 5.56 毫米卡宾枪 ············ 041
M1 式 7.62 毫米卡宾枪 ············ 042
K1A 式 5.56 毫米卡宾枪 ············ 044
M3T 式 12 号可变霰弹枪 ············ 045
M1 超级 90 式 12 号防暴霰弹枪 ············ 046
USAS12 号自动霰弹枪 ············ 047
维京 SOS12 号霰弹枪 ············ 048
HK 79 榴弹发射器 ············ 049
HK GMG 自动榴弹发射器 ············ 050

第 2 章 烈火战车

99 式主战坦克 ············ 052
“挑战者”2 主战坦克 ············ 054
M1 主战坦克 ············ 055
90 式主战坦克 ············ 056
豹 2 主战坦克 ············ 057
“梅卡瓦”3 型主战坦克 ············ 058
“公羊”主战坦克 ············ 060
T-80 主战坦克 ············ 061
美国 M2 步兵战车 ············ 062

日本 89 式步兵战车 ………… 063
德国“美洲狮”步兵战车 ………… 064
BTR-90 轮式装甲输送车 ………… 065
中国 81 式 122 毫米火箭炮 ………… 066
美国 M270 式 227 毫米火箭炮 ………… 067
美国 M109A6 式 155 毫米自行榴弹炮 ………… 068
英国 AS90 式 155 毫米自行榴弹炮 ………… 069
俄罗斯 2C19 式 152 毫米自行榴弹炮 ………… 070
瑞士 GDF-004 式 35 毫米双管高射炮系统 ………… 071
俄罗斯“通古斯卡”弹炮合一防空系统 ………… 072

第3章 威猛军舰

“阿利·伯克”级驱逐舰 ………… 074
“金刚”级驱逐舰 ………… 075
“地平线”级护卫舰 ………… 076
F-124 级护卫舰 ………… 077
“安札克”级护卫舰 ………… 078
“俄亥俄”级潜艇 ………… 079
“海狼”级潜艇 ………… 080
“洛杉矶”级潜艇 ………… 081
“企业”号航空母舰 ………… 082
“小鹰”级航空母舰 ………… 084
“尼米兹”级航空母舰 ………… 085
“戴高乐”级航空母舰 ………… 086
“迪皮伊·德·洛梅”号电子侦察舰 ………… 087
“惠德贝岛”级船坞登陆舰 ………… 088
“黄蜂”多级多功能两栖攻击舰 ………… 089

F-16“战隼”轻型战斗机 ………… 091
F-15“鹰”战斗机 ………… 092
F/A-22“猛禽”战斗机 ………… 093
A-10“雷电”战斗机 ………… 094
F-117A“夜鹰”战斗机 ………… 095
B-2“幽灵”轰炸机 ………… 096
图-160“海盗旗”战略轰炸机 ………… 097
图-22M“逆火”战术轰炸机 ………… 098
S-70B / SH-60“海鹰”直升机 ………… 099
V-22“鱼鹰”倾转旋翼机 ………… 100
S-70“黑鹰”直升机 ………… 101
CH-47“支努干”运输直升机 ………… 102
AH-64“阿帕奇”直升机 ………… 103
A-50预警机 ………… 104
E-2“鹰眼”预警机 ………… 105
C-17“环球霸王”运输机 ………… 106
伊尔-76运输机 ………… 107

第4章 铁翼军机

智能导弹

美国“复仇者”地空导弹 ………… 109
美国“爱国者”地空导弹 ………… 110
俄罗斯 C–300 地空导弹 ………… 111
美国“标枪”反坦克导弹 ………… 112
美国“龙”反坦克导弹 ………… 113
日本 79 式“重马特”反坦克导弹 ………… 114
俄罗斯“飞毛腿”B 地地战术导弹 ………… 115
美国“潘兴”2 地地战术导弹 ………… 116
美国“和平保卫者”战略导弹 ………… 117
美国“民兵”战略导弹 ………… 118
美国“大力神”Ⅱ战略导弹 ………… 119
俄罗斯“白杨”–M 战略导弹 ………… 120

第 5 章

第1章

枪械一般是指利用火药燃气等能量通过管件发射枪弹弹头，口径小于20毫米的身管武器，是我们最熟悉的一种常规武器。陆军使用的枪械主要是手枪、步枪、机枪和冲锋枪等，口径一般分三种：6毫米以下为小口径，12毫米为大口径，介于6~12毫米之间的为普通口径。

超酷枪械

01 柯尔特 M1911 式手枪

兵器档案

名　　称：柯尔特 M1911 式手枪
产　　地：美国
容 弹 量：7 发
全枪质量：1.13 千克（含一空弹匣）
全 枪 长：21.6 厘米
枪 管 长：12.7 厘米
配用弹种：11.43 毫米柯尔特自动手枪弹

柯尔特 M1911A1 式 11.43 毫米自动手枪是世界上最著名的手枪之一，装备着许多国家的军队。M1911 式定型于 1911 年。1923 年，美国斯普林菲尔德兵工厂对该枪进行了改进，取名 M1911A1 式，于 1926 年正式列装。

柯尔特 M1911 式手枪是勃朗宁的一个传世的设计。从技术水平上说，9 毫米勃朗宁更先进，但 M1911 式的大威力也是不容置疑的。

M1911 式最大的优点是威力巨大、停止作用强，挨上一枪还能继续顽抗的不大多见。相比之下，9 毫米就要打到要害才有如此功力，否则一枪还不一定管用。

但 M1911 式的缺点也是显而易见的：后坐力巨大，不熟练的射手难以打出好成绩来；容弹量小，只有 7 发，战斗中火力持续性不足；体积和重量都偏大。

▲美国柯尔特 M1911 式手枪

手枪

手枪是一种单手发射的短枪。其主要特点是：短小轻便、能突然开火、通常在50米内有良好的杀伤威力。现代手枪按用途可分为自卫手枪、冲锋手枪和特种手枪（微声手枪和隐形手枪等）；按结构可分为转轮手枪和自动手枪。

柯尔特 M1911A1 式自诞生之日起持续生产了 60 多年，美国曾把 M1911A1 式作为制式单兵自卫武器以参加第二次世界大战。到 1985 年，M1911A1 式才开始从美军中退役。

M1911A1 式手枪采用枪管短后坐式工作原理，枪管摆动式开闭锁，弹匣供弹。枪弹射击后，在火药的推动作用下，枪管和套筒一同后坐。由于枪管通过下方的铰链固定在套筒座上，因此后坐时，铰链上端开始向后转动，越过死点，逐渐拉枪管尾端向下而开锁。此时枪管停止后坐，套筒继续后坐，完成抽壳、抛壳、压倒击锤等动作。

当套筒复进时，推枪管向前运动。铰链向前回转，顶起枪管尾端，使枪管上方的两条闭锁凸起卡入套筒内壁的闭锁槽内。此时铰链转过死点，使枪管和套筒可靠闭锁。

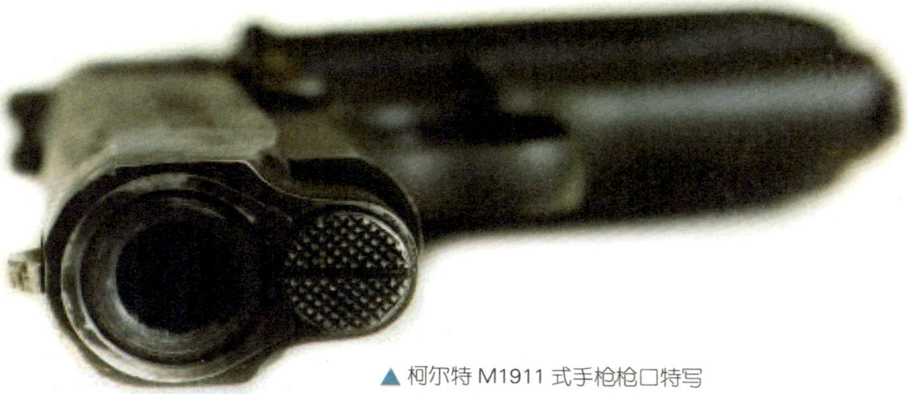

▲ 柯尔特 M1911 式手枪枪口特写

该枪套筒座后部有一角状凸起，是握把保险。当手握握把，手掌虎口部挤压该部分时，即解除了保险。

M1911A1 式手枪的威力是以往任何手枪都没有的，射手因拥有一支这样的手枪而安全感大增。M1911A1 式手枪最大的特色在于它那超大的口径。采用了 0.45 英寸（1 英寸 =25.4 毫米）柯尔特手枪弹来作为弹药，这是一种又大又重的子弹，它的口径是 11.43 毫米，而且每颗子弹重达 15 克。由于子弹偏大，使得其初速并不高，只有 246 米 / 秒而已，却拥有极高的停止作用力。

HK_P7 手枪

兵器档案

名　　称：HK_ P7 手枪
产　　地：德国
容 弹 量：8 发
全枪质量：0.95 千克（含 8 发实弹匣）
全 枪 长：17.1 厘米
枪 管 长：10.5 厘米
配用弹种：9×19 毫米帕拉贝鲁姆手枪弹

德国赫克勒－科赫有限公司（HK）为满足警方的需要而设计了HK_P7系列手枪。HK_P7 系列手枪现已成为德国警察和军队的制式武器。

HK_P7 系列手枪的工作原理采用的是半自由枪机式，突出特点是有气体延迟后坐机构。发射时，弹头脱离弹壳后，部分火药气体穿过位于弹膛前方的导气孔进入枪管下方的气室内，进入气室内的火药气体又向前作用于与套筒相联的活塞，阻止套筒剧烈后坐。当弹头完全离开枪口时，套筒完成抽壳、抛壳等动作。

HK_P7 系列手枪采用击针平移式双动扳机机构，它的握把前部兼作保险压杆，手握握把，保险杆压下，保险解脱并使得击锤待击；手松握把，手枪恢复到保险状态。

此外，HK_P7 系列手枪还有空仓挂机机构，挂机柄和弹匣卡榫左右手都可以灵活使用。该枪采用机械瞄准具。

▶ P7M8 手枪

P7 系列手枪有 P7M8、P7M13、P7K3 等多种型号，P7M8 式、P7M13 式发射 9 毫米帕拉贝鲁姆手枪弹，P7K3 与众不同，采用自由枪机式工作原理，无气体延迟后坐机构，发射 9 毫米柯尔特自动手枪弹（短弹），并可利用转换装置发射 0.22LR 枪弹或 7.65 毫米柯尔特自动手枪弹。

HK P-11水下无声专用手枪

▲好莱坞电影《古墓丽影》中的HK P-11水下无声手枪

兵器档案

名　　称：HK P-11水下无声专用手枪
产　　地：德国
全 枪 长：20.0厘米
枪 膛 长：14.6厘米
全枪质量：1.2千克（带弹）
枪管质量：0.7千克（带弹）
子弹规格：7.62×36毫米

20世纪70年代，德国赫克勒－科赫有限公司为水下特种部队研制了HK P-11式7.62毫米水下无声专用手枪，1976年正式装备使用，是海军蛙人部队的一种专用武器。

HK P-11水下无声专用手枪的主要特点是借助电子系统，通过电动控制发射子弹，既能在地面使用，也能在水下使用，水下有效射程为15米，地面可达50米，特别适合从水下到海岸的秘密渗透行动。

当然，HK P-11手枪也存在一些缺陷：首先，主要是在水下使用，海水中盐分较大，手枪各部件间尽管进行了严格的密封，但密封处电子接点也非常容易氧化；其次，技术保障比较复杂，枪管再装填工作只能在赫克勒－科赫有限公司由专业人员进行，因此，使用不够方便；第三，用于定期检查手枪电子组件电路状况的特殊维护仪器比较笨重，操作起来比较麻烦。由于特殊维护的需要，在水下携带过程中，P-11射击部件接点处都装配有可拆卸防护垫片，使用前应当除去这些垫片，这一额外操作要求自然会增加战斗反应时间，降低实战效能。

从20世纪70年代中期开始，赫克勒－科赫有限公司共生产了数百支HK P-11手枪。

USP 通用自动装填手枪

兵器档案

名　　称：USP 通用自动装填手枪	瞄准基线：15.8 厘米
产　　地：德国	枪 全 高：13.6 厘米
容 弹 量：15 发	全　　宽：3.2 厘米
全 枪 长：19.4 厘米	全枪质量：0.72 千克（不含弹匣）

USP 是 HK 公司第一支专门为美国市场设计的手枪，它的使用对象是美国民间机构、执法机构和军事部门。在 1993 年休斯顿举行的手枪展览会上，USP 第一次向公众展示，并于同年投产。

USP 有 9 种型号，不同型号间的区别只是扳机方式、控制杆功能和位置的不同，这样就给用户一个较大的选择空间，而且每一种型号都可以任意修改为另一种型号。

USP 可以发射最大威力的 9 毫米枪弹。它采用勃朗宁式闭锁，复进簧导杆上有很独特的后坐缓冲装置。

USP 前方有两条导轨，用于安装 UTL（通用战术灯）。该手枪的另一个不同之处是可选用多种不同类型的扳机机构，即传统的双动／单动型、没有手动保险的双动／单动型、有手动保险的双动型、简化的双动型扳机。

手枪金属零部件耐腐蚀，其外表面有很硬的黑色渗碳氮化氧化保护层。包括弹簧在内的内部零件都涂有特殊的道氏合金麻粒防腐层，既可防腐蚀，又能减小摩擦阻力。

USP 虽然是为进入美国民间市场而研制的，但却是历来经受过最严格试验的手枪，因此它的性能一直比较强。

伯莱塔 92 系列 9 毫米手枪

兵器档案

名　　称：伯莱塔 92 系列 9 毫米手枪
产　　地：意大利
容 弹 量：15 发
全 枪 长：21.7 厘米
枪 管 长：12.5 厘米
全枪质量：0.95 千克（含空弹匣）
配用弹种：9×19 毫米帕拉贝鲁姆手枪弹

1976 年，意大利伯莱塔公司开始陆续推出伯莱塔 92 系列手枪，9 毫米手枪便是其中之一，主要装备意大利军队和警察。

伯莱塔 92 系列 9 毫米手枪主要包括 92 式、92F-C 式、92SB 式、92SB-C 式、92FS 式、92S 式、92SB-CM 式等型号，但 92 式、92S 式已停止生产。

伯莱塔 92 系列手枪采用枪管短后坐式工作原理，射击后，枪管同套筒先共同后坐一小段距离，然后闭锁卡铁在开锁杆的作用下向下摆动，使枪管和套筒分离，实现开锁。此时枪管停止后坐，套筒继续后坐，完成抽壳、抛壳、压倒击锤等一系列动作。该枪膛内有弹时，拉壳钩在侧面凸出以显示有弹。它还有双动式扳机。在挂机柄前方有手枪分解旋钮。

伯莱塔 92 系列手枪的手动保险机柄在套筒后部，而且有待击解脱装置，使用时可将击针偏离击锤头部，释放击锤，并使扳机杆同阻铁脱离。如果武器处于待击状态，保险机构可使击锤解脱待击状态；如果击锤偶然因其他因素驱动，也不会击发枪弹，这样就能增加其安全性。

▶伯莱塔 92 系列手枪、弹夹及子弹

◀意大利伯莱塔公司的 logo

“沙漠之鹰”0.44 英寸手枪

兵器档案

名　　称：“沙漠之鹰”0.44 英寸手枪
产　　地：以色列
容 弹 量：8 发
全 枪 长：27.0 厘米
枪 管 长：15.2 厘米
全枪质量：1.89 千克
配用弹种：0.44 英寸马格努姆手枪弹

多年来，“沙漠之鹰”手枪一直作为运动手枪使用，时至今日，已开发出军用型手枪。除 0.44 英寸口径外，该枪还有 0.357 英寸和 0.41 英寸口径型。

“沙漠之鹰”0.44 英寸手枪采用 V 型缺口照门表尺和片状准星，有固定和可调两种类型。

手枪配备 0.44 英寸马格努姆底缘发火弹。

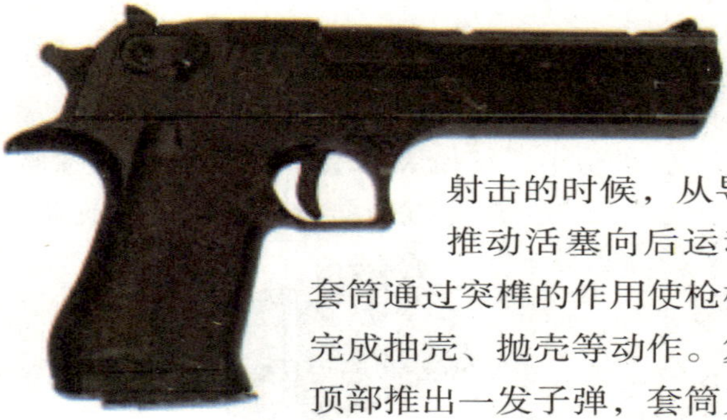

“沙漠之鹰”手枪与众不同的地方是采用导气式工作原理，枪机回转闭锁。射击的时候，从导气孔出来的火药气体首先推动活塞向后运动，活塞又驱动套筒后坐，套筒通过突榫的作用使枪机旋转开锁，然后共同后坐完成抽壳、抛壳等动作。复进时枪机下部首先从弹匣顶部推出一发子弹，套筒又旋转枪机实现闭锁。枪管固定在套筒上，套筒在后部，内装枪机。套筒前部向枪管下方伸出两个侧臂，便于后坐、复进运动稳定。

该枪套筒两侧都有保险机柄，保险时可将击针锁住，也解脱了扳机和击针的联系。其扳机阻铁组件可从整件取下，换上扳机力和扳机行程可调的组件。

“沙漠之鹰”当之无愧地跻身于世界名枪之列，在今后相当长的时间内将继续它的传奇。

史密斯－韦森 1076 式 10 毫米手枪

兵器档案

名　　称：史密斯－韦森 1076 式 10 毫米手枪
产　　地：美国
容 弹 量：9 发、11 发、15 发
全 枪 长：19.7 厘米
枪 管 长：10.8 厘米
全枪质量：1.125 千克
配用弹种：10 毫米减威力枪弹

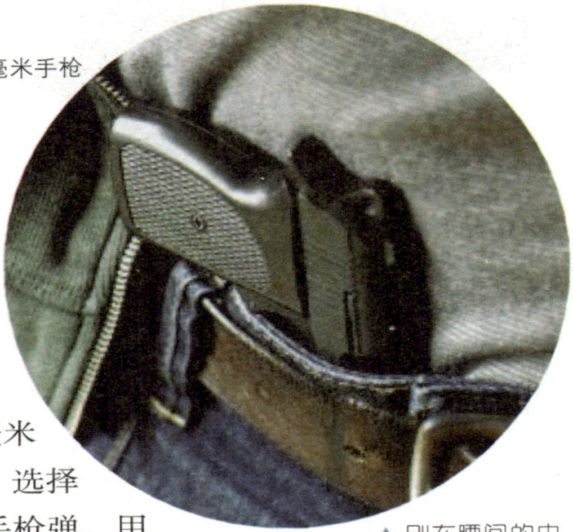

▲ 别在腰间的史密斯－韦森 1076 式手枪

1986 年 4 月，迈阿密事件促使美国联邦调查局决心采用 10 毫米口径的枪弹。随即举行弹药选型，选择一种威力稍大、综合性能优良的手枪弹，用来替换当时使用的各种 0.38 英寸和 0.357 英寸手枪弹。选型结果，初速 297 米／秒（由史密斯－韦森 1076 式手枪发射）的减威力 10 毫米口径枪弹有幸被选中。在 21 家公司提供的手枪竞争中，史密斯－韦森 1076 式手枪一举中标。

该枪采用史密斯－韦森公司传统的枪管短后坐式工作原理，枪管偏移式开闭锁，参照 1006 式手枪设计，尺寸类似于史密斯－韦森第三代 9 毫米系列。该枪用不锈钢制成，击锤抛光，握把呈直线型，双动扳机行程较长，但扳机力比史密斯－韦森型小，有一个实用的短待击机构。它没有手动保险机柄，只在左侧机柄下方有一个待击解脱杆。

Smith&Wesson®

▲ 史密斯－韦森公司的 logo

每支手枪配四个 9 发弹匣，两个 11 发弹匣，一个 15 发弹匣。

值得一提的是，史密斯－韦森 1076 式手枪只被美国联邦调查局使用了不到 5 年，成为其所装备过的最短命的手枪。也许是因为要专门订购减装药的 10 毫米减威力枪弹太麻烦，美国联邦调查局采用 0.40 英寸口径的格洛克 23 手枪代替它。至此，史密斯－韦森 1076 式手枪很快从市场上消失了。

毛瑟 HSc_7.65 毫米手枪

兵器档案

名　　称：毛瑟 HSc _7.65 毫米手枪
产　　地：德国
容 弹 量：8 发
全 枪 长：15.2 厘米
枪 管 长：8.6 厘米
全枪质量：0.596 千克（不含弹匣）
配用弹种：7.65 毫米柯尔特自动手枪弹

毛瑟 HSc_7.65 毫米手枪是彼得·保罗·毛瑟于 20 世纪 30 年代末为军用或警用而设计的，1940 年开始生产。

第二次世界大战期间，毛瑟 HSc_7.65 毫米手枪被装备于德国军队和警方。尽管精加工毛瑟 HSc_7.65 毫米手枪受当时条件的限制，但总体来说它仍不失为一种设计合理、性能良好的手枪。

毛瑟 HSc_7.65 毫米手枪是一种双动型手枪，外形和内部设计都很引人注目。它的击锤几乎完全隐藏在套筒里，露出部分刚好射手能用拇指使其待击。

毛瑟 HSc_7.65 毫米手枪保险机构是杆型，当上升时，击针头部进入凹形部，不与击锤对准。当弹匣打空时，套筒停留在后，取下弹匣，套筒即可回位。当套筒后端完全到位时，解脱子上移，进入套筒上的凹槽内，使扳机杆与阻铁不能相联。

HSc 手枪还有一种体积较大的变型枪，即发射 9 × 19 毫米帕拉贝鲁姆枪弹的 HSv 手枪。

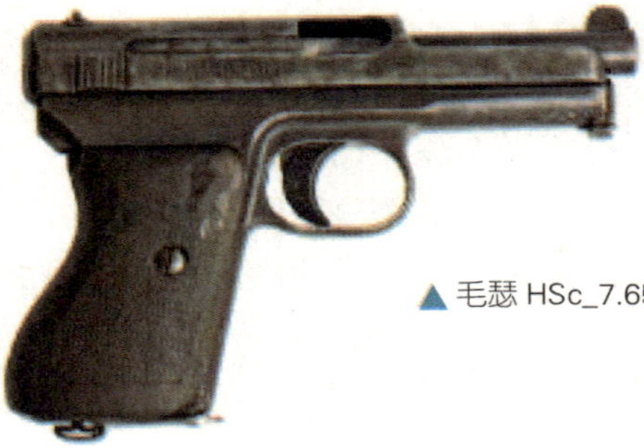

▲ 毛瑟 HSc_7.65 毫米手枪的变型枪

斯捷奇金冲锋手枪

兵器档案

名　　称：斯捷奇金冲锋手枪
产　　地：苏联
容 弹 量：20 发
全 枪 长：枪长 22.5 厘米，驳接枪托长 54 厘米
枪 管 长：14 厘米
全枪质量：1.02 千克（含空弹匣不含枪托）
配用弹种：9×18 毫米马卡洛夫手枪弹

1948 年，位于图拉的中央设计研究局的工程师伊戈尔·斯捷奇金正式接受了设计一种新型手枪的任务，设计要求是要采用新的 9×18 毫米马卡洛夫手枪弹，进行半自动和全自动射击，在全自动射击时要求易操控，并要求可驳接枪托，即所谓的“冲锋手枪”。

这种冲锋手枪很快就被设计出来，并在 1951 年与马卡洛夫 PM 手枪一起被苏联军队采用，这种新枪被命名为“斯捷奇金自动手枪”，缩写为 APS，也常常被称为“斯捷奇金手枪”。

APS 被苏联特种部队 SPETSNAZ 装备并在阿富汗战场上广泛使用。在 20 世纪 90 年代的俄罗斯地区冲突期间，APS 也被多个俄罗斯执法机构的特种部队采用，例如 OMON、SOBR、要员保护小组等。

APS 采用自由枪机式工作原理，结构类似马卡洛夫手枪，但它套筒的左后部有一快慢机，可单发、连发射击。连发时可将枪托／枪盒结合在枪上抵肩射击。该枪尽管有枪托，但连发射击跳动太大，不易控制，射击精度难以保证。

APS 比起广泛装备的马卡洛夫 PM 手枪有更好的精度和更大的容弹量，而且 APS 既能以半自动模式准确迅速地射击，也能在室内近战的紧急情形下进行全自动射击。现在尽管有更现代化和威力更大的手枪出现，如 GSH-18，但 APS 由于使用库存量足、价格便宜的 9×18 毫米手枪弹，及其自身良好的射击精度和较低的后坐力，直到现在仍然被俄罗斯的执法机构尤其是特种部队使用。

QSZ92 式手枪

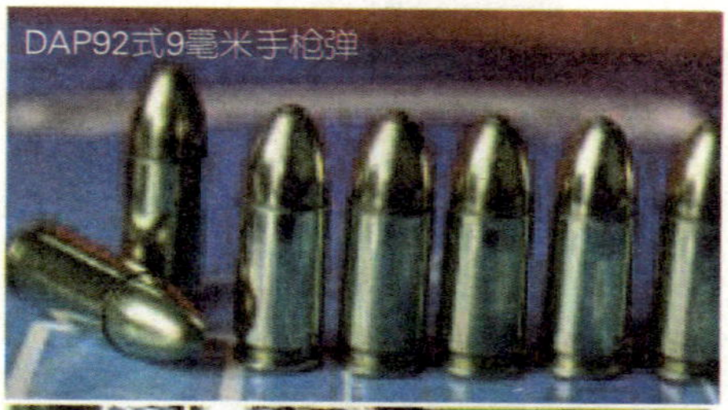

兵器档案

名　　称：QSZ92 式手枪
产　　地：中国
容 弹 量：15 发
全 枪 长：119 厘米
枪 管 长：11.1 厘米
全枪质量：0.76 千克
配用弹种：DAP92 式 9 毫米手枪弹
　　　　　9 毫米帕拉贝鲁姆手枪弹

92 式 9 毫米手枪系统从 1992 年开始论证，1994 年正式批准立项研制，1998 年设计定型。1999 年 12 月 20 日，92 式 9 毫米手枪及其弹药作为驻澳门部队装备正式公诸于众。

92 式 9 毫米手枪使用 DAP92 式 9 毫米普通弹，与 9 毫米帕拉贝鲁姆手枪弹通用，发射方式为半自动。采用枪管短后坐自动方式，枪管回转式闭锁机构，回转式击锤击发。容弹具为双排双进 15 发弹匣，每支枪配备两个弹匣。全枪寿命大于 3000 发，全枪故障率低于 0.2%，高、低温分别达到 +50℃和 –45℃，在测试中通过了各种环境模拟试验，包括扬尘和扬尘后淋雨、浸河水（含泥沙）等试验。

由于军方对新手枪系统要求有较好的侵彻能力，因此为 92 式手枪研制的 DAP92 式 9 毫米手枪弹同北约制式 9 毫米帕拉贝鲁姆手枪弹的外形尺寸及某些参数基本相同，但弹头结构却采用铅钢复合式弹芯。

DAP92 式 9 毫米手枪弹全弹长 30 毫米，全弹质量 12.3 克，弹头 8 克，采用制式的无锈蚀底火，发射药采用单基火药，枪弹速度（V5）为 360 ± 10 米 / 秒。在 50 米的距离内，穿透 1.3 毫米厚的 232 头盔钢板后，仍能击穿 50 毫米厚的松木板，而用其他制式手枪弹和帕拉贝鲁姆手枪弹作对比试验，均不能击穿钢板，只能在钢板上留下一个微凹的痕迹。

M14 式 7.62 毫米自动步枪

兵器档案

名　　称：M14 式 7.62 毫米自动步枪
产　　地：美国
容 弹 量：20 发
全 枪 长：112.0 厘米
枪 管 长：55.9 厘米
全枪质量：5.1 千克（含实弹匣）
配用弹种：北约 7.62×51 毫米枪弹

第二次世界大战期间，为了满足美军对武器的要求，美国数家兵工厂拿出了几十种样枪，还有一些外国枪也参与了选型。最后，FN FAL 步枪名列第一，斯普林菲尔德武器公司的 T44 式步枪位居第二。由于 T44 式步枪较易于生产，结构又是从加兰德 M1 式步枪演变而来，比较符合美国当时的需求，于是在 1957 年 5 月 1 日，美国陆军宣布正式采用 T44 式步枪。

T44 式步枪有两种型号：一是重型枪管可单发、连发射击的 M15 式（1959 年，M15 式步枪方案被放弃）；一是轻型枪管单发射击的 M14 式。

M14 式步枪正式定型后又做了改进，并有 M14E1 式和 M14E2 式两种型号，M14E2 式步枪被正式采用，于 1968 年被命名 M14A1 式 7.62 毫米步枪。M14 式 7.62 毫米步枪是一种比 M1 式步枪容弹量大，射击精度好，能单发、连发射击的自动步枪。

▲ 1967 年越战中美国士兵手持 M14

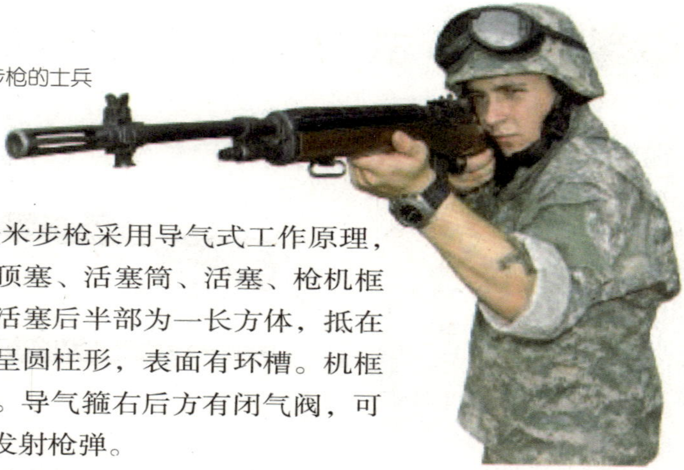

手持 M14 式步枪的士兵

M14 式 7.62 毫米步枪采用导气式工作原理，导气装置由导气箍顶塞、活塞筒、活塞、枪机框和复进簧等组成。活塞后半部为一长方体，抵在枪机框上；前半部呈圆柱形，表面有环槽。机框中空，内装复进簧。导气箍右后方有闭气阀，可将导气孔关闭，以发射枪弹。

M14 式 7.62 毫米步枪枪机呈扁圆柱形，右前端有一导轮，枪机框通过导轮带动枪机在机匣中前后运动。机匣两侧壁上有导引枪机运动的导轨。机匣内还有一横梁，中间开有缺口。这样，当枪机复进尚未到达旋转闭锁位置时，即使击锤意外解脱而打击击针，也不会出现走火的危险。

M14A1 式步枪直枪托、有后握把以及可折叠的前握把。该枪还装有橡胶缓冲垫和铰链式托底板；枪口装有膛口防跳器，连发射击时可有效地控制枪口上跳。

该枪的机械瞄准具包括固定式柱形准星和弧形表尺，可分别进行方向和高低调整。表尺分划为 200~1000 米，200 米为一个分划。使用北约 7.62 毫米枪弹。

步枪

步枪是单兵使用的长管枪械。主要用于发射枪弹杀伤有生力量，有效射程300～400米。还可用刺刀、枪托进行格斗。有的可发射枪榴弹，具有点面杀伤和反装甲能力。除传统步枪外，还有骑枪、突击步枪和狙击步枪等。按自动化程度可分为非自动、半自动和全自动步枪。

图中由上至下第一把为打败了 AR-10 和 FN FAL（第七把）的 M14 自动步枪

FN FAL7.62 毫米自动步枪

兵器档案

名　　称：FN FAL7.62 毫米自动步枪
产　　地：比利时
容 弹 量：10 发、20 发
全 枪 长：109.0 厘米（枪托打开）
　　　　　84.5 厘米（枪托折叠）
枪 管 长：53.3 厘米
全枪质量：4.25 千克（不含弹匣或刺刀）
配用弹种：北约 7.62×51 毫米枪弹

1951 年，迪厄多内·塞弗开始研制 FN FAL（意为轻型自动步枪）步枪。

最初设计发射德国在第二次世界大战期间研制的 7.92×33 毫米短弹，后由于美国研制的 T65 式 7.62 毫米枪弹被选定为北约的统一口径，因此也采用了 7.62 毫米口径。

FN FAL 自动步枪主要有 4 种型号：FAL50－00 式，采用固定枪托、标准枪管，为标准型；FAL50－41 式，采用固定式枪托，配两脚架和重枪管，作轻机枪用，有时也称 FALHB；FAL50－63 式，采用右折叠的金属枪托，但枪管较短；FAL50－64 式，也配标准枪管，但枪托与 FAL50–63 式相同。

该枪采用导气式工作原理，整个导气装置位于枪管上方。导气箍前端有可调整的螺旋顶塞，当调整到正常射击位置时，顶塞上的孔就和枪管上的导气孔对正，气体便可以进入导气箍进而作用于活塞头。

FN FAL 自动步枪活塞筒的前端置于导气箍内，与气体调节器相连接。调节器上有 3 个孔，和导气管上的排气孔对准的孔越小，作用于活塞上的火药气体就越多。由于整个导气装置装在枪管上方，所以全枪的重心落在枪膛轴线上，因此射击时，枪的后坐不会引起枪口上跳，枪管前端有消焰器（兼作枪榴弹发射器座）。

▲ 牙买加士兵使用 FN FAL 自动步枪

枪机框位于枪机上方。机框连杆用铰链结合于机框后端。机框后坐时，通过连杆压缩枪托中的复进簧，复进簧伸张，又通过连杆推动机框复进。机框内有开、闭锁斜面，在自动循环过程中与枪机上对应的开、闭锁斜面相互作用，使枪机后端上抬或下落，完成开、闭锁动作。机匣左侧有机柄和拉杆，关上机柄的保险卡榫，拉杆就不能向后移动。快慢机有保险、单发和连发 3 个位置。

该枪采用机械瞄准具，柱形准星高度可调，准星护翼和导气箍连为一体。觇孔式立框表尺板可以横向移动。

FN FAL7.62 毫米自动步枪坚实可靠，精度好，使用方便，分解简单，气体调节器结构新颖，能发射枪榴弹，使用北约 7.62 × 51 毫米枪弹。

AK-47 式 7.62 毫米突击步枪

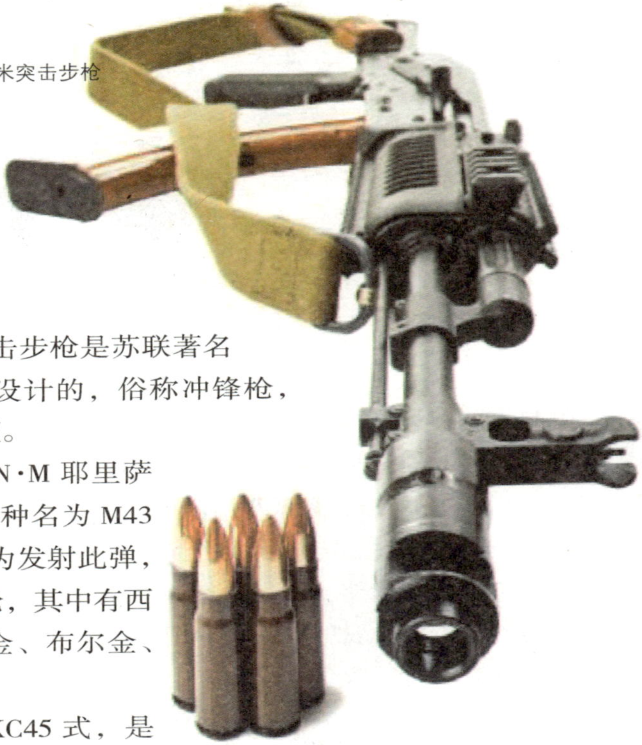

兵器档案

名　　称：AK–47 式 7.62 毫米突击步枪
产　　地：苏联
容 弹 量：30 发
有效射程：300 米
全枪质量：4.3 千克
枪托折叠时枪长：699 毫米

AK–47 式 7.62 毫米突击步枪是苏联著名枪械设计师卡拉什尼科夫设计的，俗称冲锋枪，从研制到装备部队时间很短。

第二次世界大战结束前，N·M 耶里萨罗夫和 B·V·瑟明研制成一种名为 M43 式 7.62 毫米中间型枪弹。为发射此弹，许多枪械设计师设计了样枪，其中有西蒙诺夫、苏达耶夫、斯帕金、布尔金、捷格加廖夫等。

西蒙诺夫的样枪叫 CKC45 式，是第一支发射 M43 式 7.62 毫米新枪弹的步枪。苏达耶夫于 1944 年也研制出了他的样枪。卡拉什尼科夫于 1946 年才研制出样枪，经过多次评审试验，卡氏样枪击败了所有对手而被采纳，并于 1947 年定型，1949 年装备部队。苏军摩托化步兵部队、空军和海军的警卫、勤务人员使用木制或塑料制固定枪托型，伞兵、坦克兵和特种分队使用折叠金属枪托型。

AK–47 式突击步枪是装备范围相当广泛的步枪，除苏军外，世界上有 30 多个国家的军队装备，有的还进行了仿制或特许生产。以色列的加利尔 7.62 毫米步枪和芬兰的瓦尔梅特 M60 式、M62 式、M82 式 7.62 毫米步枪，就是参照 AK–47 式设计的；波兰的 PMK – DGM – 60 式和南斯拉夫的 M64 式 7.62 毫米步枪也是它的仿制品。

该枪于 20 世纪 50 年代末由其改进型 AKM 7.62 毫米突击步枪取代。

AR-10 式 7.62 毫米突击步枪

兵器档案

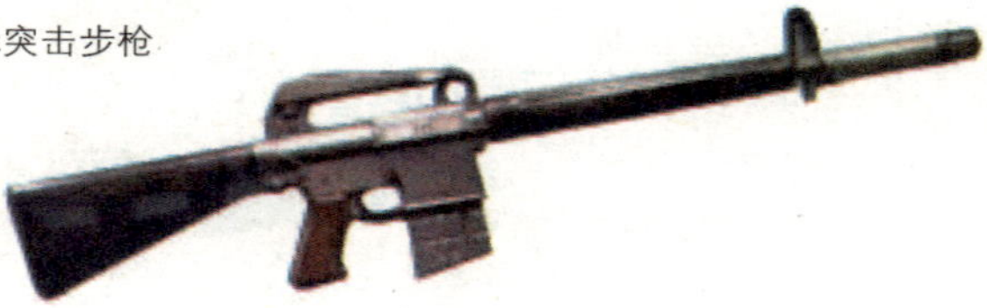

名　　称：AR-10 式 7.62 毫米突击步枪
产　　地：美国
容 弹 量：20 发
全 枪 长：102.9 厘米
枪 管 长：50.8 厘米
全枪质量：4.1 千克（不含弹匣）
配用弹种：北约 7.62×51 毫米枪弹

AR-10 式 7.62 毫米突击步枪是第二次世界大战后出现的比较令人瞩目的自动步枪之一，由美国阿玛利特公司的尤金·斯通纳研制，最初是作为突击步枪设计的，后来发展成包括冲锋枪和轻机枪在内的武器族。

AR-10 式 7.62 毫米突击步枪的设计有它的独到之处，大量采用轻金属和非金属材料，与众不同的导气管式工作原理、三用提把结构等。

枪管内层镀铬，外层为铝。枪管外面套有塑料护木，枪口部有消焰制退器兼枪榴弹发射器座。导气孔距枪口的距离为枪管全长的 1/3，枪管尾端装有枪管节套。

机匣用铝合金制成，上方装有机柄和提把，提把兼作表尺座和保护机柄。机匣右侧有抛壳口，上有防尘盖。自动机由枪机、枪机框、击针、拉壳钩、抛壳挺等组成。枪机前端有 8 个闭锁突榫，闭锁时枪机向右旋转 22.5 度。

发射机座也是用铝合金制成，其上安装发射机构。发射机座右侧有弹匣卡榫，左边是空仓挂机和快慢机。快慢机有保险、单发和连发 3 个位置。扳机位于握把、机匣和弹匣之间，扳机护圈可以向下打开，以便于士兵戴棉手套扣扳机。

复进装置装在直枪托内，由缓冲器、复进簧、复进簧导管及其阻销等部分组成。直形弹匣系用瓦楞铝冲压而成。

该枪采用机械瞄准具，准星为片状，表尺为觇孔式照门。准星和导气箍为一整体件。表尺安装在提把的后部，分划为 200~700 米。使用北约 7.62×51 毫米枪弹。

L85A1 式 5.56 毫米突击步枪

▲英国白金汉宫门前手持上了刺刀的 L85A1 式 5.56 毫米突击步枪的卫兵

兵器档案

名　　称：L85A1 式 5.56 毫米突击步枪
产　　地：英国
容 弹 量：30 发
全 枪 长：78.5 厘米
枪 管 长：51.8 厘米
全枪质量：3.8 千克（不含弹匣和光学瞄准镜）
　　　　　4.98 千克（含实弹匣和光学瞄准镜）
配用弹种：北约 SS109 式 5.56×45 毫米枪弹

20 世纪 80 年代初，英国恩菲尔德轻武器厂将其研制的 XL70E3 式样枪交付英国部队试验。1985 年 10 月 2 日，英国陆军正式接收第一批步枪，称为恩菲尔德 SA80 式，后来正式命名为 L85A1 式 5.56 毫米单兵武器，也就是 L85A1 式 5.56 毫米突击步枪。

后来，由于恩菲尔德轻武器厂的关闭该枪转由航空航天防御有限公司生产。

该枪枪机由机框和机头组成。机头上有多个突榫，转动一个小角度就能完成闭锁。拉机柄同机匣相连，射击时随机框一起前后运动。后坐杆有随枪机前后运动的长导杆和复进簧导杆。

下机匣上装有扳机、握把、弹匣套座和托底板等。握把内装有卡销式准星和照门，以应急用。发射机构是一个完整组件，用两个销子与机匣结合。

李-恩菲尔德步枪

李-恩菲尔德步枪（Lee-Enfield）是 1895—1956 年英军的制式手动步枪，有大量的衍生型，亦是英联邦国家的制式装备，包括加拿大、新西兰、澳大利亚及印度。李-恩菲尔德步枪发射0.303 British口径弹药(即7.7×56毫米R枪弹)，取代了英军早期的 Martini-Henry、Martini-Enfield 及 Lee-Metford 步枪，其后在1956年被 L1A1 SLR取代，但部分英联邦国家中仍有装备。

李-恩菲尔德步枪共生产了1700多万支，是世界上产量最多的手动步枪。

L85A1 式 5.56 毫米突击步枪采用导气式工作原理，活塞短行程和闭膛射击方式，它由枪管与上机匣、气体调节器与枪管节套、活塞杆、下机匣与发射机构、后坐杆和弹匣等组成。

枪管螺接在枪管节套上，节套经压配合后焊接在机匣上。枪管口部装有消焰器，其外径 22 毫米，能发射西欧各国的枪榴弹，也能作为刺刀座。机匣上方的滑座既可装带照门的提把，又可装光学瞄准镜。

L85A1 式 5.56 毫米突击步枪能与美国的 M16A2 式步枪弹匣通用，弹匣容弹量 30 发。该枪还配有 10 发弹夹。发射北约 SS109 式 5.56×45 毫米枪弹。

该枪无托，即以机匣为托，优点是尺寸小，携行方便，有利于在狭小空间内战斗。缺点是只能抵右肩射击，不能供左撇子射手使用，不能利用位于左边的掩蔽物进行射击；弹膛上方是射手贴腮位置，万一发生炸膛将产生严重后果；枪身短，对拼刺不利。

除步兵部队使用的 L85A1 式步枪采用 SUSAT 氚光瞄准镜外，其他部队使用的 L85A1 式步枪采用机械瞄准具，片状准星装在导气箍上，双觇孔照门表尺装在提把内。

L85A1 的安全性一直饱受诟病，其常见的故障如严重卡壳甚至彻底卡死、枪托破裂、弹匣脱落、撞针松脱或弹力不足等，就算是 H&K 公司投入巨资改良为 L85A2 后，依然是恶评声一片。因此英国陆军特种部队 SAS 彻底放弃 L85 系列枪械，全面改用 M16 系列。

▼ L85A1 具有出色的散布精度，其 4 倍的 SUSAT 瞄准镜对提高射击精度助益颇大。在 1985 年英国举行的实用步枪比赛中，使用 L85A1 步枪的射手压倒了所有参赛劲敌，成绩优异。

巴雷特 M82A1 大口径狙击步枪

兵器档案

名　　称：巴雷特 M82A1 大口径狙击步枪

产　　地：美国

容 弹 量：10 发

全 枪 长：144.78 厘米

枪 管 长：73.67 厘米

全枪质量：12.9 千克

配用弹种：2.7×99 毫米勃朗宁机枪弹

▼巴雷特 M82A1 大口径反器材狙击步枪在国际军火界被誉为“重狙击之王”。

巴雷特 M82A1 是当今使用范围最广泛的大口径狙击步枪（反器材步枪）之一。目前，已被英国、法国、比利时、意大利、丹麦、芬兰、希腊、意大利、墨西哥、葡萄牙、土耳其等 30 多个国家的军队或警察部队采用。

M82A1 自带机械瞄具，也可安装光学瞄具。原枪配用巴雷特公司的 10 倍瞄准镜，而海军陆战队所用的则是与 M40A1 相同的 10 倍犹尼托瞄准镜。巴雷特 M82A1 的后坐力很小，这是因为一部分后坐能量作用于枪管、枪机和枪机框的向后运动及压缩复进簧。另外，枪本身也吸收了部分后坐能量，但最主要还是其高效的枪口制退器减少了大部分的后坐力，这就保证了射击时的舒适性及射击精度。

枪托底部还有一个特种橡胶后坐垫，后坐感觉比 12 号口径的霰弹枪要好，而后坐力明显比 7.62 毫米口径的步枪要小。

SSG3000 式 7.62 毫米狙击步枪

兵器档案

名　　称：SSG3000 式 7.62 毫米狙击步枪
产　　地：瑞士
容 弹 量：5 发
全 枪 长：118.0 厘米
枪 管 长：61.0 厘米（不含枪口装置）
全枪质量：5.4 千克（不含瞄准镜）
配用弹种：北约 7.62 × 51 毫米枪弹

SSG3000 式 7.62 毫米狙击步枪是瑞士工业公司以绍尔 200STR 式运动步枪为基础，结合最新的武器生产技术研制成功的。

SSG3000 式狙击步枪采用模块式结构，分解、结合容易，维护简单。

该枪的枪管和机匣螺接在一起，扳机系统和弹仓连为一体，固定在机匣里。机匣座用一整块钢坯做成，枪管与枪机之间是锁定的，这样射击时作用于枪机上的压力不会传递到机匣上。轻型击针打击底火行程短，使枪机闭锁时间极短。

重型枪管冷锻而成，枪口有制退器 / 消焰器。两道火扳机既可双动，又可单动，其行程和扳机力可以调节。扳机上方的保险卡销将扳机、击针和枪机锁住。击针头上的膛内有指示销，显示枪机已经闭锁。

SSG3000 式狙击步枪没有固定机械瞄准具，制式瞄准具是专门为其设计的亨索尔德 1.5~ 6 × 24 B L 光学瞄准镜，但也可采用北约的标准瞄准镜座，安装其他瞄准镜。该枪采用北约 7.62 × 51 毫米枪弹。

◀ SSG3000 式 7.62 毫米狙击步枪瞄准镜特写

SVD 狙击步枪

兵器档案

名　　称：SVD 狙击步枪
产　　地：苏联
容 弹 量：10 发
全 枪 长：122 厘米
枪 管 长：62 厘米
全枪质量：4.3 千克（含 PSO-1 瞄准镜和空弹匣）
配用弹种：7.62×54 毫米 R 的专用弹 7N1

苏联军队在 1963 年选中了由德拉贡诺夫设计的狙击步枪代替莫辛－纳甘狙击步枪，称为 СВД（Снайперская Винтовка Драгунова）狙击步枪，英文为 SVD（Snayperskaya Vinyovka Dragunov），通过进一步的改进后，在 1967 年开始装备部队。除苏联外，埃及、南斯拉夫、罗马尼亚等国家的军队也采用和生产 SVD。中国仿制的 SVD 为 1979 年定型的 79 式狙击步枪及改进型 85 式。

SVD 实际上是 AK-47 突击步枪的放大版本，但发射机构更简单。由于 SVD 发射的 7.62×54 毫米 R 弹是突缘弹，而且威力比 AK-47 配用的 7.62×39 毫米 M43 弹威力大得多，因此枪机机头要重新设计，并强化以承受高压。不过由于只能单发射击，所以击发和发射机构比较简单，主要零件是击锤、单发杠杆以及靠机框控制的保险阻铁，有单独的击锤簧和扳机簧。

为了提高精度，SVD 的导气活塞与 AK-47 的不同，AK-47 的活塞与枪机框成一整体，而 SVD 采用短行程活塞的设计，导气活塞单独位于活塞筒中，在火药燃气压力下向后运动，撞击机框使其后坐，这样可以降低活塞和活塞连杆运动时引起的重心偏移，从而提高射击精度。机框后坐时的开锁原理与 AK–47 相同，开锁后的一切抛壳、复进、装填动作也与 AK–47 基本相同。

SVD 枪管前端有瓣形消焰器，长 70 毫米，有 5 个开槽，其中有 3 个位于上部，2 个位于底部。这样，从消焰器上部排出的气体比从底部排出的气体要多，实际效果是将枪口下压从而在一定程度上减轻枪口上跳。另外，消焰器的前端呈锥状，构成一个斜面，将一部分火药气体挡住并使之向后，以减弱枪的后坐。在准星座下方有一个刺刀座，可安装刺刀，这一点与目前绝大多数的狙击步枪都不一样。

军事演习中正在使用 SVD 狙击步枪的乌克兰士兵

SVD 所配用的是专门开发的狙击弹，精度更高，威力更大，在 1000 米的距离内仍有很强的杀伤力。另外，还有专用的曳光穿甲燃烧弹。当然，SVD 也可以发射普通的 7.62 × 54 毫米 R 机枪弹。

SVD 标配的瞄准镜是 4 × 24 毫米的 PSO–1（Pritsel Snaipersky, Optichesky）型瞄准镜，瞄准镜全长 375 毫米，视场 6 度，放大倍率为 4 倍，瞄准镜的分划板上有 3 个距离分划，每个分划 100 米。瞄准镜上有光源和电池，夜间可以照亮分划板。另外，还有一种可以旋转安装上瞄准镜的红外滤光器，用于在夜间射击时过滤外部红外光源，但瞄准镜本身没有夜视能力。由于 SVD 的机匣就是 AK 式的，因此瞄准镜的安装座只能装在机匣左侧。

КПВ 14.5 毫米高射机枪

装在防空射架上的 КПВ 14.5 毫米高射机枪

兵器档案

名　　称：КПВ 14.5 毫米高射机枪
产　　地：苏联
容 弹 量：100 发
全 枪 长：433.0 厘米（战斗状态）
　　　　　454.5 厘米（行军状态）
全 枪 宽：268.0 厘米（战斗状态）
　　　　　186.0 厘米（行军状态）
全枪高（枪身水平）：
　　　　　197.0 厘米（战斗状态）
　　　　　233.0 厘米（行军状态）
枪 管 长：134.6 厘米
枪身质量：49.1 千克
配用弹种：14.5×14 毫米枪弹

КПВ 14.5 毫米高射机枪是在第二次世界大战后，由苏联弗拉季米诺夫设计并于 20 世纪 50 年代装备部队，可装在单管、双联或四联枪架上的大口径机枪。

该枪自动方式是枪管短后坐式。

装有膛口助退器，这样提高了射速。闭锁方式是机头回转式。闭锁时，机头的断隔螺与枪管上的断隔螺扣合。供弹方式是弹链供弹，属双程进弹、单程输弹。如改变供弹机构中几个零件的位置，即可反向供弹，便于多联安装。

该枪采用光学瞄准具，由斜距装定器、斜距修正器、航路航速装定器、平行瞄准器、航路确定器、高射瞄准镜以及平射瞄准镜等组成。另外，在枪身上尚有机械瞄准具，准星为圆柱形，表尺为正切型 U 形表尺。而且它是多管联装，这大大提高了射击威力。

该枪发射苏联 14.5×14 毫米枪弹，包括穿甲燃烧弹、穿甲燃烧曳光弹。

机枪

旧称“机关枪”。带有两脚架、枪架或枪座，能连发射击的枪械。可用于射击有生目标、薄壁装甲目标和火力点。通常可分为轻机枪、通用机枪、重机枪和大口径机枪；按使用特点还可分为地面机枪（包括高射机枪）、车载机枪、航空机枪和舰艇机枪。

ПК 7.62 毫米机枪系列

兵器档案

名　　称：ПК 7.62 毫米机枪系列
产　　地：苏联
容 弹 量：50 发、100 发、200 发、250 发
全 枪 长：116.0 厘米
枪 管 长：65.8 厘米
全枪质量：9 千克（不含弹链）
配用弹种：1908 年式 7.62×54 毫米 R 枪弹

ПК7.62 毫米机枪系列是苏联采用 AK–47 式突击步枪的工作原理在 20 世纪 50 年代设计的两用机枪。ПК 机枪系列有多种型号，可以完成不同的功能。

配装两脚架作连用机枪的称 ПК；配装轻型三脚架作重机枪的称 ПКС；配装在坦克上的并列机枪称 ПКТ；配装在装甲运兵车上的机枪称 ПКБ。ПКМ 是 ПК 机枪的改进型，相应的有 ПКМС、ПКМБ、ПКМТ 等型号。

ПК 机枪系列的供弹机构综合了苏联 РП–46 式机枪、СГ–43 式中型机枪和捷克斯洛伐克 Vz52 式轻机枪的特点，采用弹链供弹，双程进弹，单程输弹。ПК 机枪的弹链装在弹链盒中，而弹链盒分有 50 发装、100 发装、200 发装和 250 发装多种。当作轻机枪使用时，弹链盒装在机匣下方；而作重机枪使用时，弹链盒装在机匣的左侧，250 发弹链盒供坦克机枪用。发射机构与 РПД 轻机枪相同。ПК 机枪的枪管外表面有散热槽，而 ПКС 机枪的枪管外表面则没有，ПКТ 机枪则是采用较长的重型枪管。

该枪的瞄准装置是由圆柱形准星和弧形表尺组成。表尺板上的照门缺口为长方形，表尺板上刻有风偏修正分划，准星可上下左右调整，两侧有护翼。

该枪发射苏联 1908 年式 7.62×54 毫米 R 枪弹。

FN BRG-15 式 15 毫米大口径机枪

兵器档案

名　　称：FN BRG-15 式 15 毫米大口径机枪
产　　地：比利时
全 枪 长：215.0 厘米
全枪质量：60 千克（不含弹链）
配用弹种：15.5×106 毫米脱壳穿甲弹

比利时 FN BRG-15 式 15 毫米大口径机枪是从 1980 年开始研制的，1989 年开始少量生产，用来替换 FN M2HB / QC13 式重机枪。它的枪口动能高，穿甲能力强。

FN BRG-15 式机枪采用传统的枪机回转闭锁机构和导气式工作原理。枪机闭锁时卡在枪管后部的延伸体内。此枪突出特点是枪上有一个选择杆，可使射手选择供弹方向，因此可以左、右弹链供弹。此外，在使用特种弹药时，该枪可以单发射击。

该机枪共有 4 道保险机构：一是通过转动供弹选择杆来锁住枪机；二是当弹链取出时，将不能射击；三是如果活动件没后坐到位，射击将被枪机框后边的卡榫限制；四是当枪机未完全闭锁时，击针是锁定的。

该枪采用机械瞄准具。前方有装在机匣前部的柱形准星，无护罩；后方有缺口式照门，可调高低和风偏。

该枪原发射 15×106 毫米穿甲弹，现发射 15.5×106 毫米脱壳穿甲弹等弹。

◀FN M2HB 式重机枪

Vz59 式 7.62 毫米通用机枪

兵器档案

名　　称：Vz59 式 7.62 毫米通用机枪
产　　地：捷克斯洛伐克
全 枪 长：121.5 厘米
枪 管 长：59.3 厘米（轻枪管）
　　　　　69.3 厘米（重枪管）
膛　　线：4 条，右旋，缠距 240 毫米
全枪质量：8.67 千克（含轻枪管，两脚架，不含弹链）
　　　　　19.24 千克（含重枪管，三脚架）
配用弹种：7.62×54 毫米 R 枪弹

Vz59 式 7.62 毫米机枪是一种沿用 Vz52 式机枪的基本设计思想研制的两用机枪，一共有三种。配制：

1. 配装轻型枪管和两脚架作班用轻机枪；

2. 配装重型枪管和两脚架作连用机枪，型号定为 Vz59L 式；

3. 配装重型枪管和轻型三脚架，三脚架还可改装为高射枪架，型号定为 Vz59 式。

该枪结构简单，动作可靠，但初速低，平射散布大，作重机枪使用时太重。该枪采用导气式工作原理，卡铁摆动闭锁方式。

该枪供弹机构也很简单，采用开式不散金属弹链供弹，由枪机框曲线槽带动曲拐形拨弹臂上的拨弹滑板来实现一次供弹。因为枪管定位方式较好，便于消除枪管与机匣间的间隙松动，所以射击时枪管振动不大。消焰器虽短，但消焰效果好。

该枪瞄准具由柱形准星和带有 V 形缺口式照门的立框式表尺组成。

该枪采用苏联 7.62×54 毫米 R 枪弹。

FN MAG 7.62 毫米通用机枪

兵器档案

名　　称：	FN MAG 7.62 毫米通用机枪		
产　　地：	比利时	全 枪 长：	122.5 厘米
供弹方式：	弹链供弹	枪 管 长：	54.5 厘米
配用弹种：	北约 7.62×51 毫米枪弹	全枪质量：	10.85 千克（含枪托和两脚架）

FN MAG 7.62 毫米通用机枪由比利时国营赫斯塔尔公司研制，主设计师是欧内斯特·费尔菲，20 世纪 50 年代初定型投产，型号定为 MAG，意为导气式机枪。该枪现装备于英国、美国、加拿大、比利时、瑞典等至少 75 个国家，是目前西方国家装备的主要机枪之一，总数达 15 万挺以上。

FN MAG 机枪可作轻、重机枪使用，战术用途广，结构坚固，动作可靠。该枪采用导气式工作原理、闭锁杆起落式闭锁机构。自动机系仿美国勃朗宁 M1918 式 7.62 毫米自动步枪，闭锁杆起落式闭锁机构的闭锁部位有所改动。平时配两脚架，需要时可以装在三脚架式高射架上射击。

该枪采用机械瞄准具。准星为片状，准星座装在横向的燕尾槽中。表尺为立框式，可折叠。表尺平放时，射程装定为 200 ~ 800 米，表尺竖直后，射程装定为 800 ~ 1800 米。

美国向 FN 公司购买 FN MAG 通用机枪，编号为 M240B。在伊拉克街头，人们常可看到身形壮硕的美国大兵斜挎着 M240B 机枪，提醒人们快离开这个是非之地。

L86A1 式 5.56 毫米轻型机枪

兵器档案

名　　称：L86A1 式 5.56 毫米轻型机枪（恩菲尔德武器系统）
产　　地：英国
容 弹 量：30 发
全 枪 长：90.0 厘米
枪 管 长：64.6 厘米（含消焰器）
全枪质量：5.4 千克（不含弹匣和光学瞄准镜）
　　　　　6.58 千克（含实弹匣）
弹匣质量：0.12 千克（空弹匣）
　　　　　0.48 千克（30 发实弹匣）
配用弹种：5.56×45 毫米枪弹

L86A1 式 5.56 毫米轻型机枪的设计原理和 L86A1 式、L85A1 式相同，外形也相似，它是 L86A1 式单兵武器（突击步枪）的重枪管型，所以又可称之为 SA80 式轻机枪。

该枪在结构上与 L85A1 式突击步枪基本相同，是一种导气式武器，采用枪机回转闭锁方式，由 30 发弹匣供弹。导气系统属活塞短行程结构，由活塞、活塞杆和导气节套等组成。活塞调节孔有两个选择尺寸：正常的和加大的，而闭锁系统为多突榫的机头闭锁系统。另外，枪机的结构设计可保证枪机在开锁（没有完全闭锁）的情况下，不会打击枪弹底火。枪的消焰器外径尺寸是标准的。

该枪发射各种 5.56×45 毫米枪弹，包括普通弹、曳光弹、枪榴弹、训练用的空包弹和减装药教练弹等。英国陆军现已装备 8000 挺 L86A1 式。

英军士兵使用 L85A2 步枪

SA80 枪族

SA80是一款采用5.56×45毫米 NATO弹药的英国无托结构突击步枪。SA80的含义是“Small Arms for the 1980s”（中文译为“20世纪80年代的轻武器”）。

SA80系列能选择开火模式，气压式上弹武器。SA80实验本首先在1976年被试用，并在1994年最终完成。

SA80枪族有4种主要的衍生型：L85A1／L85A2个人武器步枪（IW Rifles）、L86A1／L86A2 LSW、L22A1／L22A2卡宾枪和L98A1／L98A2训练用步枪。

维克斯 Mark1 式 0.303 英寸机枪

兵器档案

名　　称：维克斯 Mark1 式 0.303 英寸机枪
产　　地：英国
容 弹 量：250 发
全 枪 长：115.6 厘米
枪 管 长：72.4 厘米
全枪质量：15 千克（不含冷却水）
　　　　　18.2 千克（含冷却水）
配用弹种：Mark7Z 式和 Mark8Z 式 0.303 英寸枪弹

▲ 维克斯 Mark1 式 0.303 英寸机枪

维克斯 Mark1 式 0.303 英寸机枪是由维克斯公司所完成的马克沁机枪的改进型，因此也曾被称为维克斯-马克沁机枪。英军在 1912 年 11 月正式装备此枪，并且两次世界大战中均使用了此枪。1968 年，英军正式宣布该枪退出现役，此后该枪在一些英联邦国家里继续使用了一段时间，在 1972 年的印巴战争中，巴基斯坦军队最后使用了该枪。

该枪采用的工作原理是枪管短后坐式，闭锁机构为曲柄连杆式。闭锁时，两个连杆臂在机匣内成水平状。

在开锁时，枪管与枪机共同后坐 6 毫米、膛内压力下降到安全范围内，曲柄连杆后部的开锁凸轮撞击机匣侧壁上的卡榫，使连杆翻转而实现枪机开锁。

该枪为片状准星，立框式表尺，觇孔照门。弧形表尺上的两种刻度是分别对应于使用 Mark8Z 式和 Mark7Z 式枪弹时的射程，但瞄准盘距离分划筒是按 Mark8Z 式枪弹校准的，所以在发射 Mark7Z 式枪弹时有必要按射表进行修正。

HK MP5K 系列 9 毫米冲锋枪

兵器档案

名　　称：HK MP5K 系列 9 毫米冲锋枪
产　　地：德国
容 弹 量：15 发、30 发
全 枪 长：32.5 厘米
枪 管 长：11.5 厘米
全枪质量：2 千克（不含弹匣）
弹匣质量：0.1 千克（15 发空弹匣）
0.16 千克（30 发空弹匣）
0.52 千克（30 发实弹匣）
配用弹种：9×19 毫米帕拉贝鲁姆手枪弹

MP5K 系列冲锋枪全枪短小，可藏入衣服、公文包内，不易被发现，且操作轻便，所以很适合特种警察和反恐人员使用。

该系列冲锋枪的基本结构和工作原理与 MP5A 系列冲锋枪相同，仅是缩小了个别零部件的尺寸，如：MP5 K 式和 MP5KA1 式是缩短了枪管长度、取消了枪托。MP5KA1 式与 MP5K 式的区别是：前者采用固定的照门和较小的片状准星，瞄准基线也短；后者采用带缺口照门的旋转式表尺和柱形准星，而在 MP5K 式和 MP5KA1 式的发射机构上增设 3 发点射控制机构后，就变成了 MP5KA4 式和 MP5KA5 式冲锋枪。为使射手可双手持枪射击，提高射击精度，MP5 K 的各种变型枪在其枪管前下方都设有小握把。

MP5 K 系列冲锋枪不仅可配用机械瞄准具，还能配用 4 倍望远瞄准镜。MP5K 式和 MP5KA4 式采用柱形准星和可调风偏和高低的缺口照门旋转式表尺；MP5KA1 式和 MP5KA5 式采用固定式片状准星和缺口照门旋转式表尺。

该系列冲锋枪采用 9×19 毫米帕拉贝鲁姆手枪弹。

冲锋枪

通常指双手握持发射手枪弹的全自动枪械。比步枪短小轻便，便于突然开火，火力猛烈，有效射程较远，战斗射速可达110发/分。通常以单手发射，必要时可加装肩托抵肩射击。

伯莱塔 M12S 冲锋枪

兵器档案

名　　称：伯莱塔 M12S 冲锋枪
产　　地：意大利
容 弹 量：20 发、30 发、32 发、40 发
全 枪 长：41.8 厘米（枪托折叠）
　　　　　64.5 厘米（枪托打开）
全枪质量：3.2 千克

▲ M12S 的枪弹痕迹

20 世纪 50 年代中期，意大利伯莱塔公司研制了一系列冲锋枪，其中 M12 和 M12S 冲锋枪可以说是达到了顶峰。M12 于 1958 年研制成功，1959 年正式投产，1961 年意大利政府正式装备此枪。除装备意大利陆军特种部队外，巴西、加蓬、利比亚、尼日利亚、沙特阿拉伯和委内瑞拉等国军队也有装备。M12S 是 M12 的改进型，装备于意大利、突尼斯及其他一些国家的军队。

伯莱塔 M12S 冲锋枪
（摄影 /CPL DICK S. KOTECKI, USMC）

该枪枪身大大缩短，便于隐蔽时携带，近战反应速度极快，可单手射击的主要原因是该枪采用了游底后坐反冲式设计。

另外，该枪的套入式枪机设计更是独一无二，镂空的圆筒状枪机向前包络住枪管的大部分，并能在枪管上滑动，这样既可缩短枪身，又能使枪身重心前移并靠近枪管轴心，从而减轻了枪口上跳，有利于提高连发的精度。

该枪的固定卡榫移到了机匣尾部上方，方便抓握和解脱，快慢机和保险也合二为一，改为手柄式，从而在右手握枪时用拇指就可以进行操作。为了增强耐磨性和抗腐蚀性，表面用环氧树脂处理。

PP-2000 冲锋枪

▲枪托缩折、装上了雷射瞄准器、枪背带的 PP-2000 9 毫米冲锋枪和其弹匣（摄影 /Vitaly Kuzmin）

兵器档案

名　　称：PP-2000 冲锋枪
产　　地：俄罗斯
容 弹 量：20 发、40 发
全 枪 长：30 厘米
空枪质量：1.4 千克
配用弹种：9 × 19 毫米 7N31 / 帕拉贝鲁姆手枪弹

PP-2000 冲锋枪在 2004 年闪亮登场，它使用的工作原理是自由枪机式，采用包络式枪机，采用 9 × 19 毫米 7N31 枪弹，容弹量 20 发、40 发。40 发容弹量使其拥有更强的火力密度和更好的火力持续性，采用了独创的减速机构，将射速控制在 600 发 / 分，能够保证连发时具有良好的射击密集度和可控性。

该枪几乎可以与现代战斗手枪相媲美，它的外形紧凑，结构简单，擦拭、保养容易，体积相当小巧。

在设计上有一个独到之处，其配备的容弹量 40 发的弹匣，可插入机匣作枪托使用。而且，枪口不仅设置了圆锥狭缝组合消焰器，并且加装消声器，进一步减小了枪口焰和枪口噪声。

该枪的握把体是一个集握把、机匣和扳机护圈为一体的部件，它采用高强度的工程塑料制成，这样既减轻了零部件的质量，又提高了工艺性，降低了成本，而且工程塑料的耐腐蚀性较好，导热性也低，因而在天气寒冷的时候握持不会觉得太冰手，扳机护圈尺寸较为宽大，因此戴着厚手套依然可以操作自如。另外，其前部还可以兼作前握把，以便必要时双手握持。

PP-2000 采用的 7N31 枪弹在目前所有手枪弹中穿甲能力最强，这使得它在杀伤性能方面表现出巨大的优势，停止作用明显优于 FN P90 和 HK MP7，性能也跃居当代同类武器之榜首。

FN P90 冲锋枪

兵器档案

名　　称：FN P90 冲锋枪
产　　地：比利时
全 枪 长：50 厘米
全枪质量：3.2 千克（不含弹匣）
容 弹 量：50 发、100 发
配用弹种：5.7 毫米 SS190 弹

FN P90 冲锋枪采用自由枪机，闭膛待击。于 1986 年开始研制，1991 年批量生产。它通过采用 5.7 毫米弹和取用较重的枪机来减小后坐的冲量，且采用闭膛待击，使得命中精度极高。

该枪的结构紧凑，零件较少，枪机和枪管装于一个盒状机匣中，弹匣也置于机匣顶部，不用工具 15 秒即可全部分解，容易维修保养。容弹量达 50 发，火力持续性强，子弹穿透力很强，有效射程可增加到 250 米。射速高，具有巨大威力。

为防止跌落走火和枪机未闭锁出现早发火，该枪保险机构有手动、偶发和不到位保险。

该枪配有机械式瞄准具和反射式瞄准镜，其环形十字线分化使射手能够快速捕捉和准确瞄准。

▼ FN P90 冲锋枪的弹匣容量达 50 发，与枪管成 90 度放置，子弹出弹匣前被旋转 90 度至与枪管平行。

汤普森 M1928A1 式 11.43 毫米冲锋枪

兵器档案

名　　称：汤普森 M1928A1 式 11.43 毫米冲锋枪
产　　地：美国
容 弹 量：20 发、30 发（弹匣）
　　　　　50 发、100 发（弹鼓）
全 枪 长：85.2 厘米
枪 管 长：26.7 厘米
全枪质量：4.9 千克（不含弹匣）
弹匣质量：0.57 千克（20 发实弹匣）
　　　　　0.73 千克（30 发实弹匣）
弹鼓质量：2.23 千克（50 发实弹鼓）
　　　　　3.86 千克（100 发实弹鼓）
配用弹种：11.43 毫米柯尔特自动手枪弹

▲汤普森 M1928A1 式 11.43 毫米冲锋枪分解图（摄影 /C. Corleis）

汤普森冲锋枪是由美国人 O.V.佩思和 T.H.奥克霍夫设计，并以汤普森将军的名字命名的。M1919 式是该冲锋枪早期研制的产品，M1921 式是它最早的生产型，后来又相继出现了 M1923、M1928 系列冲锋枪。其中 M1928A1 式是在 1930 年研制成功的，并少量装备了美军，而且在第二次世界大战中为英、法等盟国军队所使用。

M1928A1 式冲锋枪威力大，火力猛。它采用的工作原理是独特的半自由枪机式，枪机上有一个 H 形延迟后坐块是用青铜制成的，位于枪机向后倾斜 70 度角的凹槽内，这样可以在发射瞬间通过不同角度的摩擦阻力来延迟枪机后坐。当膛压开始下降时，通过机匣上的开锁斜面与 H 块两侧的开锁凸起相互作用使 H 块上升，枪机开始向后运动。该延迟机构避免了枪机早抽壳、炸壳故障，但结构复杂。

另外，枪管外部加工有环形散热槽，枪口部有一个锯齿形减震器。但该枪大多数零件为铸件，使得全枪的质量较大。

汤普森冲锋枪发射 11.43 毫米柯尔特自动手枪弹。

HK MP5SD 系列 9 毫米微声冲锋枪

兵器档案

名　　称：HK MP5SD 系列 9 毫米微声冲锋枪
产　　地：德国
容 弹 量：15 发、30 发
全 枪 长：55 厘米（MP5SD1 式和 SD4 式）
　　　　　78 厘米（MP5SD2 式和 SD5 式）
全枪质量（不含弹匣）：
　　　　　2.9 千克（MP5SD1 式）
　　　　　3.2 千克（MP5SD2 式）
　　　　　3.5 千克（MP5SD3 式）
弹匣质量：0.1 千克（15 发空弹匣）
　　　　　0.16 千克（30 发空弹匣）
　　　　　0.52 千克（30 发实弹匣）
配用弹种：9×19 毫米帕拉贝鲁姆手枪弹

MP5SD 系列 9 毫米冲锋枪大约是于 1975 年研制成功的，是一种设计比较成功的冲锋枪。该枪共有 6 种变型枪，分别是 MP5SD1 式、MP5SD2 式、MP5SD3 式、MP5SD4 式、MP5SD5 式和 MP5SD6 式，它们形成了 MP5SD 系列微声冲锋枪。

该系列冲锋枪与 MP5 A 系列冲锋枪在基本结构和工作原理上基本相同，主要不同之处在于枪管稍短，且枪管上钻有 30 个直径为 3 毫米的小孔，枪管外面套有 40 毫米直径的消声筒。该消声筒有前、后两个气体膨胀室。射击时，一部分火药气体先经枪管上小孔进入后膨胀室，然后再进入前膨胀室，最后从枪口部排出，使作用于弹头的气体压力减小，弹头初速低于亚声速，从而大大减小了武器射击时的声响。

该系列冲锋枪均发射 9×19 毫米帕拉贝鲁姆手枪弹。

澳司登 MKⅠ式 9 毫米冲锋枪

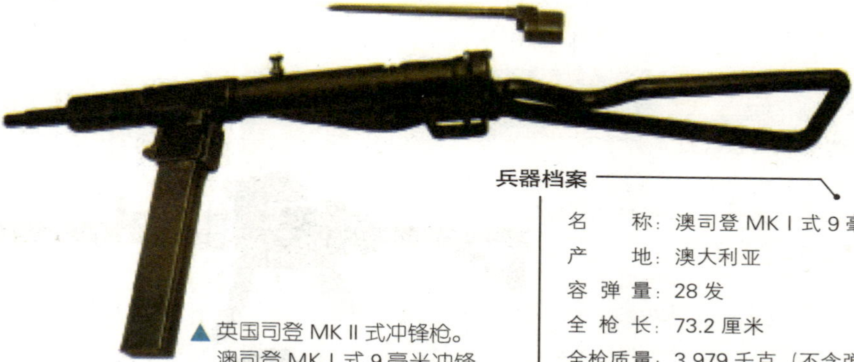

▲英国司登 MKⅡ式冲锋枪。澳司登 MKⅠ式 9 毫米冲锋枪的工作原理与之一样。

兵器档案

名　　称：澳司登 MKⅠ式 9 毫米冲锋枪
产　　地：澳大利亚
容 弹 量：28 发
全 枪 长：73.2 厘米
全枪质量：3.979 千克（不含弹匣）
　　　　　4.659 千克（含实弹匣）

澳司登 MKⅠ式 9 毫米冲锋枪是澳大利亚在 1941 年为了满足太平洋战争爆发后的作战急需，由设计师尤阿莱·里德尔参照德国 MP40 式和英国司登 MKⅡ式设计的一种 9 毫米冲锋枪，取名为澳司登 MKⅠ式。该枪是 1941 年年中至 1942 年 6 月研制，在 1942 年 6 月至 1945 年 3 月间共生产了约 20000 支。在第二次世界大战末期，该枪经改进定型为 MKⅡ式，但生产数量很少。

澳司登 MKⅠ式 9 毫米冲锋枪虽然兼有德国 MP40 式冲锋枪和英国司登 MKⅡ式冲锋枪的许多特点，但装弹有些困难。

该枪采用倒 V 形准星和觇孔照门式固定表尺（MKⅠ式）或带 L 型翻转式表尺（MKⅡ式）。固定式表尺上的觇孔照门射程装定为 91.5 米，L 型表尺射程装定为 91.5 米和 183 米。

该枪与英国司登 MKⅡ式冲锋枪的工作原理一样，都是自由枪机式。它主要由枪机、枪管、击发与发射机构、机匣、前后两个握把以及折叠式枪托组成。另外，澳司登 MKⅠ式的折叠枪托、枪机和叠套式复进簧是按照德国 MP40 式仿造的；枪管、机匣、发射机和快慢机是直接按照英国司登 MKⅡ式仿制的；独自设计的部分仅是增加了前握把和改进了枪托固定卡榫，用此卡榫可以更牢靠地固定枪托，但由于枪托过长，容易使射手瞄准疲劳。它的拉机柄与枪机成为一体，机匣右侧的机柄槽一直延伸到尾部，便于分解枪机。

UMP45 冲锋枪

兵器档案

名　　称：UMP45 冲锋枪
产　　地：德国
容 弹 量：25 发
全 枪 长：45 厘米（枪托折叠）
　　　　　69 厘米（枪托打开）
枪 管 长：20 厘米
全枪质量：2.1 千克（不含弹匣）
配用弹种：0.45ACP 柯尔特自动手枪弹

HK 公司开发的“0.45 口径通用冲锋枪”（简称 UMP45）于 1998 年年底交付试验，塑料制的直形弹匣容量为 25 发，比 MP5 小，这是因为 0.45ACP 弹的直径比 9 毫米弹大得多。另外还设计有一种 10 发的短弹匣。枪管前端有一个凸爪，凸爪的设计与 MP5 不一样，但作用是一样的，是为了安装消声器或消焰器。枪托向右折叠后，抛出的弹壳从枪托中的孔中抛出。

▲ 0.45ACP 柯尔特自动手枪弹

UMP45 的鉴定试验小组由 SWAT、SEAL 及 FBI 的试验人员组成，他们进行了射击场、近战演习等大量试验。试验证明，UMP45 的可靠性很好，射击精度也相当高，尽管 0.45ACP 弹的后坐力较大，但连发时的后坐力却相当小。总之，UMP45 性能优秀，完全符合特种作战的要求。

05 式冲锋枪

兵器档案

名　　称：05 式冲锋枪
产　　地：中国
容 弹 量：50 发
全 枪 长：50 厘米
全枪质量：2.2 千克
配用弹种：5.8×21 毫米亚声速枪弹

轻型冲锋枪状态下的 05 式冲锋枪，已拆除了消声器。▶

在我军现在的编制当中，步兵轻武器是以步枪和机枪为主，而冲锋枪只是特种辅助武器，是以微声武器为主要使用形式，用于侦察分队等特种部队的隐蔽作战行动中，尤其是悄悄地摸哨，或在侦察巡逻时由开路的尖兵携带。05 式冲锋枪的设计目的就是要取代现在装备的 85 式微声冲锋枪，所以尽管该枪可取下消声器发射普通弹，但主要的设计意图是先满足微声冲锋枪的特殊用途，因此对噪声指标要求较高。

该枪在整体结构上继承了 95 式步枪的无托结构，但采用了自由式枪机，惯性闭锁。枪机半包络枪管结构，使全枪质心接近握把。握把内有瞄准镜导轨，与 95 式步枪相同。

05 式冲锋枪的另一个特点是采用了握把保险。在初样机研制过程中曾经使用平移式握把保险机构，但该机构在射击过程中动作不灵活，经常出现卡滞的情况，特别是在低温试验和浸河水试验等特种条件下的卡滞现象更为突出，设计人员经过论证，最终改为旋转式握把保险。

05 式冲锋枪采用可拆卸式消声碗结构的消声器，在取下消声器后也可使用。枪身上装有消声器锁紧机构，防止射击过程中消声器的松动。为提高消声效果，配用弹头较重、初速较低的专用 5.8 毫米亚声速弹，但必要时也可使用普通弹。

05 式冲锋枪采用直插式 4 排弹匣，50 发的大容弹量是 05 式火力旺盛的源泉，在近距离的交战中会占有优势。

M4 式 5.56 毫米卡宾枪

兵器档案

名　　称：M4 式 5.56 毫米卡宾枪
产　　地：美国
容 弹 量：20 发、30 发
全 枪 长：84 厘米（枪托打开）
　　　　　76 厘米（枪托折叠）
枪 管 长：36.8 厘米
全枪质量：2.54 千克（不含弹匣）
配用弹种：SS109 式 5.56×45 毫米枪弹，M193 式 5.56×45 毫米枪弹

M4 式 5.56 毫米卡宾枪于 1991 年 3 月定型，首先装备美国第 82 空降师来取代 M16A2 式步枪和 M16A2 式自动步枪的轻量型和缩短型。

M4 式又称 M720 式，该枪于 1992 年第二季度正式列装。该枪现正在生产，并装备美国陆军和海军陆战队，阿联酋、危地马拉、萨尔瓦多、洪都拉斯、加拿大等国也装备有这种枪。

▲装有 M203 榴弹发射器的 M4 式 5.56 毫米卡宾枪

由于 M4 式 5.56 毫米卡宾枪是 M16A2 式自动步枪的变型枪，所以其基本结构原理与 M16A2 式步枪相同，且枪上 85%的零部件与 M16A2 式步枪相同，从而大大简化了武器的训练、维修和后勤供应。

该枪具备点、面杀伤能力是由于它的枪管下方可挂装 M203 式 40 毫米榴弹发射器——可以发射美国和北约的任何制式枪榴弹。

该枪采用机械瞄准具，新型比赛级觇孔照门式表尺可进行 800 米射程的风偏水平修正，柱形准星可进行高低调整。

卡宾枪

即“骑枪”。一种短而轻的步枪。最初只装备骑兵，故名。

M1 式 7.62 毫米卡宾枪

兵器档案

名　　称：M1 式 7.62 毫米卡宾枪
产　　地：美国
容 弹 量：15 发、30 发
全 枪 长：90.4 厘米
枪 管 长：45.8 厘米
全枪质量：2.36 千克（含空弹匣）
2.63 千克（含实弹匣和背带）
配用弹种：M1 式 7.62 毫米卡宾枪枪弹

1938 年，美国军方要求研制一种轻型步枪以取代驾驶员、机枪手、迫击炮班人员使用的制式步枪和手枪，有 11 家公司依军方要求提交了样枪参加选型试验，最后温彻斯特速射武器公司的方案被选中。温彻斯特公司将加兰德步枪加以改进，采用短行程活塞，使用 M1 式 7.62 毫米半底缘枪弹，并命名为 M1 式 7.62 毫米卡宾枪。这种卡宾枪共生产了 551 万支，从而成为美国生产量最大的一种枪械。

后来，美国在 M1 式卡宾枪的基础上发展了如下一些型号：

M1A1 式，配备能够侧向折叠的枪托，供空军部队使用，1942 年 5 月定型；

M1A2 式，机匣有所改动，并以斜轨式表尺代替翻转式表尺；

M1A3 式，采用伸缩式枪托；

M2 式，可单发和连发射击，1944 年定型；

M3 式，将 M2 式卡宾枪的机械瞄准具改装为红外瞄准具，并装有消焰器。

美国共生产 M1 式及其变型枪 620 多万支，其中 610 多万支被美军采用，而其中的 M1A2 式、M1A3 式均未投产。

在美军中装备时间较长的是 M1 式卡宾枪，而且目前美国国民警卫队仍然装备，还有的私营企业把它改成运动步枪。除美军使用外，南非、埃塞俄比亚、智利、挪威、墨西哥、韩国、菲律宾、意大利以及中国等都装备过此枪。

M1 式卡宾枪在 20 世纪四五十年代是一种较好的近距离战斗武器，因为它的质量小，射击时也容易控制，近程精度好。另外，该枪的枪机只是加兰德 M1 式 7.62 毫米步枪枪机的等比例缩小。枪机推第一发弹入膛后，扣压扳机，使击锤解脱，打击击针，从而击发枪弹。

此时，枪机后坐行程比全弹长，于是弹匣中最上面的一发弹被托送至进弹位置，然后被压缩的复进簧伸张，推枪机复进，同时推弹入膛。由于枪机框导槽和枪机上的导向凸起的相互作用，枪机回转，实现闭锁。然后，枪机框继续复进，直至惯性体的前端将活塞顶入活塞筒后完全停止。此时，枪再次成待击状态。

该枪的扳机轴在扳机的前上方，所以在扣压扳机后，扳机后端的凸肩会上抬。阻铁尾部置于凸肩的顶部，当阻铁尾部上抬时，阻铁头下降，与击锤卡槽解脱。阻铁在弹簧力作用下向前时，其尾部滑离扳机凸肩。击发后，枪机后坐压倒击锤，击锤下方的卡槽被阻铁挂住。此时，扳机凸肩下降，迫使阻铁尾部返回至扳机凸肩的顶部。阻铁与扳机共用一轴。

▲手持 M1 式7.62 毫米卡宾枪的女民兵

该枪的扳机护圈前面有直推式的手动保险，将保险推向左边时，保险机销轴上的平面对准扳机的前端，因此允许扳机前端下落，从而使扳机后端上抬。将保险推向右边时，保险机轴的圆柱面移至扳机前端的下方，阻止扳机向下运动，形成保险。

该枪采用翻转式觇孔照门，片状准星，使用 M1 式 7.62 毫米卡宾枪枪弹。

K1A 式 5.56 毫米卡宾枪

兵器档案

名　　称：K1A 式 5.56 毫米卡宾枪
产　　地：韩国
容 弹 量：30 发
全 枪 长：83 厘米（枪托打开）
　　　　　64.5 厘米（枪托折叠）
枪 管 长：26.3 厘米（不含枪口制退 / 补偿器）
膛　　线：6 条，右旋，缠距 17.8 厘米或 30.5 厘米
全枪质量：2.88 千克（不含弹匣）
配用弹种：M193 式和 SS109 式 5.56×45 毫米枪弹

韩国军队在 20 世纪 70 年代以前一直靠美国提供轻武器，直至 1973 年以后，才特许生产美国的 M16A1 式步枪。M16A1 式步枪于 1982 年在韩国大宇精密工业公司投产，不仅供本国军队使用，而且还出口。为此受到了美国柯尔特公司的反对。于是，大宇精密工业公司决定自行研制，不久便推出了 K1A 式 5.56 毫米卡宾枪，1984 年投产。

该枪的工作原理为导气管式，火药气体直接冲击枪机框，枪机框连带枪机，枪机上有 8 个突榫。该枪的机匣分为上、下两部分，并采用圆形护木和伸缩式金属枪托。保险 / 快慢机柄共 4 个位置：向下为保险，向上为单发，向右为连发，向左为 3 发点射。当发射美国 M193 式枪弹时，采用膛线缠距为 30.5 厘米的枪管，而发射比利时 SS109 式枪弹时，采用缠距为 17.8 厘米的枪管；但其长度都是 26.3 厘米。

该枪采用机械瞄准具，弹尖可对准星高度进行调整，而且准星上有发光点，便于在夜间射击。

M3T 式 12 号可变霰弹枪

兵器档案

名　　称：M3T 式 12 号可变霰弹枪
产　　地：意大利
容 弹 量：6 发、7 发
全 枪 长：103.5 厘米（枪托打开）
　　　　　78 厘米（枪托折叠）
枪 管 长：50 厘米
全枪质量：3.55 千克（不含枪弹）
配用弹种：12 号 ×65 毫米、70 毫米式 76 毫米霰弹

▲ 采用了折叠式枪托的 M3T 式 12 号可变霰弹枪

M3T 式 12 号可变霰弹枪是由意大利贝内利军械公司设计生产的，特别适合执法人员和公安部队在车内携带和在有限的空间内使用的 M3T 式可变霰弹枪。该枪小巧紧凑，可发射多种弹药。

该枪可选用半自动或泵动工作方式，这点以及工作原理方面同贝内利 M3 超级 90 式可变霰弹枪相同。采用折叠式枪托，便于操作使用。

该枪采用管状弹匣供弹，枪管长 50 厘米，需要时可改装长度为 34 厘米的短枪管，从而使枪托折叠时的枪全长减到 64 厘米，根据需要还可卸掉枪托，使武器更加短小紧凑。

该枪可发射大号硬铅头弹、鸟弹、鹿弹（铅弹与橡皮弹）以及各种 CS、CN 毒气榴弹、照明弹和烟幕弹等。

霰弹枪

一次可发射多颗子弹或弹头的滑膛枪。发射特制的霰弹枪弹。用于杀伤近距离的有生目标。有军用、警用和民用之分。民用霰弹枪主要是运动枪和猎枪。

M1超级90式12号防暴霰弹枪

兵器档案

名　　称：M1超级90式12号防暴霰弹枪
产　　地：意大利
容 弹 量：6发、7发
全 枪 长：104厘米
枪 管 长：50厘米
全枪质量：3.28千克
配用弹种：12号×65毫米、70毫米和76毫米霰弹

▲ M1超级90式12号防暴霰弹枪通过一个惯性后坐系统动作，实际是个快速循环动作的短后坐系统。

M1超级90式12号防暴霰弹枪采用全新设计，并用先进材料制成，是意大利贝内利军械公司利用其1984年研制成功的回转式枪机头，并以121-M-1式霰弹枪的惯性机构为基础研制出的。它适合于警察和军队使用，用于击伤、驱散暴徒。

该枪同121-M-1式霰弹枪一样，依靠枪机框和机头两部件式枪机实现独特的后坐工作方式，并用极强的惯性簧将这两部件分开。表面经过发暗阳极氧化处理，机匣是用铝镁锌合金制造的，枪管用镍铬钼钢制成，枪托、小握把和护木是用Rilson防腐碳纤维制成的，内膛经过镀铬处理。

另外，枪口还可加装榴弹发射器。

该枪能发射12号霰弹，包括大号硬铅头弹，其中马格努姆弹为质量最大的弹，重53克。且装上枪口接合器后，可发射CN、CS毒气榴弹以及信号弹。

USAS12 号自动霰弹枪

兵器档案

名　　称：USAS12 号自动霰弹枪
产　　地：韩国
容 弹 量：12 发（盒式弹匣）
弹　　鼓：28 发
全 枪 长：100.3 厘米
枪 管 长：46 厘米
全枪质量：4.5 千克
瞄准装置：导轨式瞄准具
配用弹种：12 号 × 61 毫米霰弹

▲ 使用弹鼓的 USAS12 号自动霰弹枪

USAS12 号自动霰弹枪是韩国大宇精密工业公司生产的，设计酷似普通的突击步枪，但稍大。可用来威慑、击伤暴徒。已装备韩国警察部队使用。

USAS12 号自动霰弹枪采用的工作原理是导气式（长枪机行程），可进行有选择的射击，也可作为半自动枪。

▲ 使用弹匣的 USAS12 号自动霰弹枪

该枪采用活动部件和导气工作方式来减小后坐，并可单手射击。快速装填时可通过配用更换的盒式弹匣来实现，也可用弹鼓。

另外，该枪不用任何工具就可容易地进行分解，而且该枪的提把兼作导轨式瞄准具用。

该枪发射 12 号 × 61 毫米霰弹。

维京 SOS12 号霰弹枪

兵器档案

名　　称：维京 SOS12 号霰弹枪
产　　地：英国
供弹方式：管状弹匣
容 弹 量：7 发
枪 管 长：61.6 厘米
全枪质量：3.37 千克
配用弹种：12 号霰弹、大号硬铅弹和催泪弹等

▲ 维京 SOS12 号霰弹枪是一种治安用枪，现已在欧洲及其他一些国家的警察部队中装备使用。

维京 SOS12 号霰弹枪是英国维京武器公司根据现代突击步枪研制的一种治安用枪，可在防暴斗争中用于自卫，击伤暴徒。现已在欧洲及其他一些国家的警察部队中装备使用。

该枪制作精良，性能准确、可靠，坚固耐用，维修方便，而且价格便宜。

该枪的枪机采用推拉式，配有相当大的管状弹匣和滑膛枪管，利于发射大号硬铅弹和催泪弹。由于该枪采用有利于控制后坐的直线型结构，发射几乎无跳动，发射后可迅速恢复瞄准。

该枪采用直型枪托和装有瞄准具的提把，瞄准具与准星高度相同。

该枪发射 12 号霰弹、大号硬铅弹和催泪弹等。

HK 79 榴弹发射器

▲加装在 G3 上的 HK 79 榴弹发射器

兵器档案

名　　称：HK 79 榴弹发射器
产　　地：德国
全 枪 长：35.7 厘米
枪 管 长：29.7 厘米
瞄准基线长：15 厘米
空枪质量：1.67 千克
枪　　宽：6.8 厘米
全 枪 高：14.5 厘米

HK 79 榴弹发射器是 HK 公司在 HK 69 结合在步枪上的试验不成功的情况下，另行发展的。

它是一种 40 毫米榴弹发射器，可以专门安装在突击步枪上使用，也可以安装在各种 HK 公司生产的枪械上，如 HK33、G3 和 G41 等。如果在 HK 步枪的名称后面有 3 个字母——TGS（Tragbares Granat System 的缩略语，意为手提式榴弹发射系统），那么就意味着该枪带有 HK 79 榴弹发射器。

该榴弹发射器是一种带下落式钢制发射管的单发武器，扳机设在护木左侧。发射器尾部装有滑动式保险装置，并用彩色圆环表示发射器所处的状态——白色圆环表示保险状态，红色圆环表示射击状态。

装弹时，拉开发射管的固定销，使其在自身重量作用下下垂。把榴弹推入弹膛后，将发射管闭锁，同时用手将击针扳至待击状态。此时，扣下扳机，就可将榴弹射出。

该发射器采用机械折叠式瞄准具，瞄准具安装在榴弹发射器的右侧。

该发射器发射各种长度的 40 毫米杀伤弹、破甲弹、发烟弹、照明弹、催泪弹和防暴弹等。

HK GMG 自动榴弹发射器

兵器档案

名　　称：HK GMG 自动榴弹发射器
产　　地：德国
容 弹 量：32 发
全 枪 长：118 厘米
枪　　宽：14 厘米
枪　　高：20.8 厘米
枪 管 长：32.0 厘米
武器质量：29 千克
榴弹初速：241 米 / 秒

▼德国联邦国防军装在山猫装甲车上的 HK GMG 自动榴弹发射器（摄影 / Kris），其供弹方向可从左右两边任意选择。

GMG 自动榴弹发射器是德国 HK 公司新近为与现役美军 M19 榴弹发射器竞争订单而开发研制的。

该发射器通过在位于美国亚利桑那州沙漠中的尤马武器试验场进行的严格测试证明，它的性能可以满足美军未来的作战要求，而且美国军方对其改进空间和优异性能也表现出浓厚的兴趣。

第二次世界大战以后，法国装备的步兵自动武器大部分是美、英两国提供的，还有缴获的德国武器，比较繁杂，因此法国于 1952 年开始设计自己的武器。

第 2 章

冷战结束后，世界陆军武器装备的研制、生产和采购均受到不同程度的影响。但是随着形势的发展，陆上武器的研制又开始呈现活跃态势。陆上武器主要包括：坦克、战车、火炮、高射炮等。

烈火战车

99 式主战坦克

99 式主战坦克是中国于 20 世纪 80 年代开始研制的一款重型主战坦克，该型坦克高 2.25 米，车首和炮塔正面为可换复合装甲，2000 米可抗击 700 毫米以上动能穿甲弹，800 毫米以上的聚能破甲弹，与美军贫铀装甲相差无几，有很好的经济性和安全性。（我国的新型贫铀装甲已研制成功，可迅速投入使用，性能优于美军贫铀装甲。）如挂上附加装甲可抗击 800 毫米以上动能穿甲弹，900 毫米以上的聚能破甲弹；如装上新型双防反应装甲可达 1200 毫米。

新型 125 毫米滑膛炮，寿命达 800 发穿甲弹，接近先进水平，弹种有：采用半可燃药筒的钨合金尾翼稳定脱壳穿甲弹、尾翼稳定破甲弹、尾翼稳定多功能杀伤爆破榴弹，弹药基数为 39 发。钨合金尾翼稳定脱壳穿甲弹初速 1740 米/秒，世界第一。

坦克的起源

“坦克”一词是英文“Tank”的音译，旧译“战车”。具有强大直射火力、高度越野机动性和坚强装甲防护的履带式装甲战斗车辆。由武器系统、推进系统、防护系统、通信设备、电气设备以及其他特种设备和装置组成。乘员一般为三或四人，分别担负指挥、射击、驾驶任务。

按战斗全重、火炮口径，坦克通常分为轻型、中型和重型三种。20世纪60年代后，多按用途分为主战坦克和特种坦克。

1916年第一次世界大战中，英国最早使用坦克参加松姆河战役。坦克是装甲兵的基本装备和地面作战的主要突击兵器，用于对坦克及其他装甲车辆作战，也可用于压制、消灭反坦克武器，摧毁野战工事，消灭有生力量。但地形、气候对其行动有一定限制。坦克的诞生顺应了战争的需要。而一定的工业基础和技术前提，使坦克这种进攻性武器应运而生。

99式采用882千瓦的150HB涡轮增压中冷柴油发动机，最大速度70千米/时，最大行程500千米（与M1A2相当），重50吨，单位功耗17.6千瓦/吨。动力舱整体吊装，传动为分置液压传动，有备用机械传动。每侧6个负重轮，履带双销挂胶。爬斜度32%，越壕宽3米，过垂直墙0.85米，潜深5米。发电机13千瓦。

主战坦克

主战坦克是第二次世界大战后各国军事思想、科学技术和工业发展等诸多因素影响的产物。在总体布置上多数保持了传统的结构形式，即带旋转炮塔的战斗舱居中，前面是驾驶舱，动力传动舱在车体后部。战斗全重36～54吨，火炮口径105～120毫米，发动机功率427～610千瓦，最大速度48～65千米/时，最大行程300～600千米。

主战坦克的主要技术特征是：普遍采用了脱壳穿甲弹、空心装药破甲弹和碎甲弹，火炮双向稳定、光学测距仪、红外夜视夜瞄仪器，大功率柴油机或多种燃料发动机，扭杆式独立悬挂装置，改善了防弹外形，降低了车高，采用了三防装置。由于其具有现代技术特征，在战斗中担负主要作战任务，因此便成为了现代装甲兵的基本装备和地面作战的主要突击力量。

主战坦克的出现，有着深刻的时代背景。一方面，坦克技术的发展，使中型坦克的性能大为提高，再发展更重的重型坦克已毫无意义；另一方面，在核战争条件下，机动性差的重型坦克很难满足瞬息万变的战场的作战需要。重型坦克退出战争舞台，是历史的必然，而主战坦克则是中型坦克的继承和发展。

▼ 进行中的99式主战坦克

“挑战者”2 主战坦克

技术性能数据

战斗全重：62.5 吨
乘员：4 人
车长（炮向前）：11.55 米
车宽：3.52 米
车高（至炮塔顶）：2.49 米
主要武器：120 毫米线膛炮
辅助武器：2 挺 7.62 毫米机枪
弹药基数：64 发
火控系统：指挥仪式
发动机功率：880 千瓦
最大速度：56 千米 / 时
装甲防护：均质钢装甲、复合装甲

1990 年制成样车。现已战胜竞争对手——豹 2 改进型、M1A1 和“勒克莱尔”主战坦克，被英国陆军选中。英军已订购 337 辆，用来替换“酋长”坦克。

该坦克是在“挑战者”1 坦克的基础上研制的，安装新型炮塔和L30 型 120 毫米线膛炮，配用带贫铀弹芯和新研制的尾翼稳定脱壳穿甲弹。

火控系统包括数字式弹道计算机、稳定式瞄准镜、激光测距仪、热像仪等。主发动机为水冷增压柴油机，匹配 TN54 全自动传动装置。行动装置采用液气悬挂装置和销挂胶履带。车体和炮塔为焊接结构，采用“乔巴姆”复合装甲，运用隐身技术以减少在雷达荧光屏上的图像特征。装有三防装置、灭火装置、热烟幕施放装置、烟幕弹发射器以及环境温度调节系统。有辅助动力装置。

M1 主战坦克

M1 坦克以艾布拉姆斯将军的名字命名，1981 年列入美军装备，到目前为止共有 3 种型号：M1、M1A1 和 M1A2，总生产量为 7467 辆，并发展了 M1M2。M1 是基本型，车体和炮塔采用复合装甲，车体内用坚实装甲板将弹药、燃油与乘员隔开，炮塔尾舱顶部装有弹药爆炸波排放板。火控系统包括数字式弹道计算机、热成像仪等。动力装置为燃气轮机，配用自动传动装置。M1A1 坦克用 120 毫米滑膛炮取代原 M1 的 105 毫米线膛炮，安装超压式集体三防装置等。M1A2 坦克采用车长用全景热成像瞄准镜和 CO_2 激光测距仪等。

在海湾战争中，美军首先重点部署了 M1 坦克，但为对付伊军的化学武器，特意从欧洲调派了更先进的 M1A1 坦克。

技术性能数据

战斗全重：57 吨
乘员：4 人
车长（炮向前）：9.828 米
车宽：3.653 米
车高（至炮塔顶）：2.438 米
主要武器：120 毫米滑膛炮
辅助武器：2 挺 7.62 毫米机枪
1 挺 12.7 毫米机枪
弹药基数：40 发（120 毫米）
11400 发（7.62 毫米）
火控系统：指挥仪式
发动机功率：1103 千瓦
最大速度：66.8 千米 / 时
最大行程：465 千米
装甲防护：复合装甲

▼ 行经陶努斯山的 M1A1 主战坦克

90 式主战坦克

▲日本 90 式主战坦克（摄影 /Megapixie）

技术性能数据

战斗全重：50 吨
乘员：3 人
车长（炮向前）：9.7 米
车宽（不带裙板）：3.4 米
车高（至炮塔顶）：2.3 米
主要武器：120 毫米滑膛炮
辅助武器：1 挺 7.62 毫米机枪
1 挺 12.7 毫米机枪
弹药基数：40 发
火控系统：指挥仪式
发动机功率：1100 千瓦
最大速度：70 千米 / 时
最大行程：300 千米
装甲防护：复合装甲

日本在第二次世界大战后研制的主战坦克，1990 年定型，日本自卫队原计划采购 600~800 辆。采购单价高达 850 万美元。

90 式主战坦克采用日本特许生产的德国莱茵金属公司的 120 毫米滑膛炮，带自动装弹机，炮长瞄准镜内组装激光测距仪，并配有热像仪，具有行进间和夜间射击的能力。

动力装置为二冲程、水冷、增压柴油机，采用带液力器和静液转向机构的自动变速箱，悬挂装置为液气－扭杆混合式。整车外形上与豹 2 坦克相似，但每侧有 6 个负重轮，3 具烟幕弹发射器。

豹2主战坦克

德国陆军中现装备的最新式的主战坦克，1979年10月正式装备联邦国防军。到1990年，德国陆军装备了2050辆豹2主战坦克。装备豹2坦克的还有荷兰和瑞士。

豹2坦克是西方最早装120毫米滑膛炮的坦克，并有先进的综合火控系统，具有行进间射击和夜间作战的能力。

发动机为涡轮增压、多燃料发动机，单位体积功率高。采用间隙式复合装甲和隔舱化布置，有三防装置及自动灭火抑爆装置。

豹2坦克有A1、A2、A3、A4、A5/A6、A7及出口型豹2NL、豹2CH，它们在细微结构上有所不同。

技术性能数据

战斗全重：55.15吨
乘员：4人
车长（炮向前）：9.61米
车宽（不带裙板）：3.42米
车高（至炮塔顶）：2.48米
主要武器：120毫米滑膛炮
辅助武器：2挺7.62毫米机枪
弹药基数：42发（120毫米）
4750发（7.62毫米）
火控系统：指挥仪式
发动机功率：1100千瓦
最大速度：72千米/时
最大行程：550千米
装甲防护：复合装甲

▲“豹”主战坦克模型

"梅卡瓦" 3 型主战坦克

"梅卡瓦" 1 型和 2 型坦克的改进型，1990 年装备以色列陆军。"梅卡瓦" 3 型比 1 型和 2 型坦克有重大的改进，主要改进有：装 1 门以色列研制的 120 毫米滑膛炮，弹药基数略有减少；发动机功率增大；采用模块化装甲设计，具有可更换性，有发展潜力；全电式炮塔驱动装置；增装威胁探测报警装置，能探测到广波谱的电磁波，并报警及采取相应对抗措施。

"梅卡瓦" 1 型主战坦克

以色列研制的主战坦克，1979年开始装备，以军装备的各型"梅卡瓦"坦克约500辆，其突出的外部特征是大车体、楔形小炮塔，炮塔正面投影面积小。车内有三防装置和自动灭火抑爆装置。战斗室后面有一个宽大的载员舱，车体后部有后门。"梅卡瓦" 1 型坦克是一种重视生存力的坦克。

▼"梅卡瓦" 1 型主战坦克（摄影 /Bukvoed）

▼行进中的"梅卡瓦" 3 型主战坦克

▲“梅卡瓦”3型主战坦克开火瞬间

火控系统升级为斗牛士MK3型，配有可整合激光测距仪的新型炮长瞄准镜、车长指挥塔式昼夜瞄准仪，连同弹道计算机和一套传感器构成指挥仪式火控系统，可简化目标捕捉进程和大大提高行进间命中率。该坦克还装有由阿姆科拉姆公司发展的先进的威胁报警系统。

“梅卡瓦”3型主战坦克是一种生存力更强的新式坦克。

技术性能数据

战斗全重：61吨
乘员：4人
车长（炮向前）：8.78米
车宽（不带裙板）：3.7米
车高（至炮塔顶）：2.64米
主要武器：120毫米滑膛炮
辅助武器：3挺7.62毫米机枪
　　　　　1挺60毫米迫击炮
弹药基数：50发（120毫米）
　　　　　10000发（7.62毫米）
火控系统：指挥仪式
发动机功率：895千瓦
最大速度：65千米/时
最大行程：500千米
装甲防护：模块式特种装甲

“梅卡瓦”2型主战坦克

“梅卡瓦”1型的改进型，1984年开始装备，其主要改进有：炮塔正面及两侧、车体正面均增装一层特种装甲，炮塔后部加装金属挂链，提高了破甲弹的防护力；用特种装甲侧裙板代替1型的钢装甲裙板；采用指挥仪式火控系统；采用以色列研制的新型传动装置，减弱了坦克热特征；迫击炮改为固定安装。

BING 01 “公羊”主战坦克

技术性能数据

战斗全重：约 48 吨
乘员：4 人
车长（炮向前）：9.519 米
车宽（不带裙板）：3.61 米
车高（至炮塔顶）：2.46 米
主要武器：120 毫米滑膛炮
辅助武器：2 挺 7.62 毫米机枪
弹药基数：约 42 发（120 毫米）
2500 发（7.62 毫米）
火控系统：指挥仪式
发动机功率：895 千瓦
最大速度：65 千米 / 时
最大行程：550 千米

意大利新研制的主战坦克，1990—1994 年装备意大利陆军，装备数量约 300 辆。

该坦克装意大利自产的 120 毫米滑膛炮，有热像仪，具有行进间对运动目标进行射击的能力和夜间作战能力。

动力装置为增压柴油机。采用复合装甲，并可挂装反应式装甲。有侧裙板、三防装置、自动灭火抑爆装置、烟幕弹发射器。炮塔及车体的正面装甲的倾角较大，是一个重要的识别特征。

T-80 主战坦克

1984 年装备苏联部队，总生产量约 7000 辆。它是在 T-64 坦克基础上研制的，保留了原武器系统，但加长了车体，采用新的动力装置和行动装置，改进了装甲防护。

▼ T-80 主战坦克和装甲运输车模型

火炮配备自动装弹机，发射分装式炮弹和反坦克导弹。综合火控系统包括弹道计算机、激光测距仪、双向稳定器、红外夜瞄装置等。

动力装置为燃气轮机，匹配自动传动装置。行动装置采用液气悬挂装置。炮塔是铸造的，车体前部采用复合装甲，主要部位装有反应式装甲和防核辐射衬层，车体两侧有橡胶裙板。车内有集体三防装置和自动灭火装置。

T-80 主战坦克改进了火控系统。用柴油机替换燃气轮机。车体装甲板和炮塔上安装新型被动式附加装甲块。

技术性能数据

战斗全重：43 吨
乘员：3 人
车长（炮向前）：9.9 米
车宽：3.4 米
车高（至炮塔顶）：2.3 米
主要武器：125 毫米滑膛炮
辅助武器：1 挺 7.62 毫米机枪
1 挺 12.7 毫米机枪
弹药基数：40 发（125 毫米）
2000 发（7.62 毫米）
300 发（12.7 毫米）
发动机功率：735 千瓦
最大速度：75 千米 / 时
最大行程：400 千米
装甲防护：复合装甲、均质装甲

美国 M2 步兵战车

1979 年 12 月，M2 步兵战车投产并很快装备美军部队，该车被命名为“布雷德利”战车，参加过海湾战争。车体为铝合金装甲焊接结构。

火炮采用双向供弹方式，可以单发或以 100 发 / 分、200 发 / 分的射速射击。炮手配备昼夜合一瞄准镜，其夜视部件为红外热像装置。炮塔的转动、火炮和导弹发射架的俯仰采用电动式，并配有双向稳定系统。发动机为水冷涡轮增压柴油机，动力通过静液机械式传动装置传递。

行动装置采用高强度扭杆、液压减振器。车内装有气体过滤装置、自动灭火装置。炮塔前部火炮两侧各装一组 4 具烟幕弹发射器。车体外面可安装反作用装甲，战斗室内部也加装“凯芙拉”防弹衬层。

该车未来的改进计划主要是增强火力，技术途径是增大主炮口径与改进火控系统，以便有效地对付未来防护性能增强的敌方步兵战车和空中目标。其他改进项目还有热像驾驶仪、导航装置和新式电台等。

该车已经采用和正在试验的变型车有：MLRS 多管火箭炮、M2 防空车、装 35 毫米机关炮的步兵战车、装复合材料车体的 M2 步兵战车、装复合材料炮塔的 M2 步兵战车。

◀ M2 履带式步兵战车模型

步兵战车

步兵战车诞生于20世纪60年代，主要是为了步兵乘车协同坦克作战，增强对付敌反坦克武器的能力，提高部队的进攻速度而发展的一种新车型。

它的主要特点是乘载步兵既可在车上发射火力，伴随坦克高速突击，还可下车作战。而且，步兵战车车载火力较强，可独立遂行作战任务，以车载武器支援乘载步兵的作战行动。在机械化步兵部队中，装备到步兵班。步兵战车包括履带式和轮式两种。

日本 89 式步兵战车

89 式步兵战车由日本三菱工业公司、日本制钢所生产。车体为铝合金焊接结构。双人炮塔前面装有 1 门自动机关炮和 1 挺并列机枪，两侧各安装 1 具反坦克导弹和 3 具烟幕弹发射器。

载员舱两侧各有 3 个球形射击孔。机关炮的射速为 200 发 / 分，导弹用激光制导。夜瞄仪器采用微光电视。发动机为水冷增压柴油机。行动装置采用扭杆式悬挂装置。炮塔采用夹层装甲，车两侧装有 5 毫米厚的侧裙板。

车内配备三防装置。该车不具备浮渡能力。

技术性能数据

战斗全重：25 吨
乘员：3 人
载员：6 人
车长：6.7 米
车宽：3.2 米
车高：2.5 米
主要武器：35 毫米机关炮
辅助武器：1 挺 7.62 毫米机枪
2 具反坦克导弹发射架
发动机功率：441.18 千瓦
最大速度：70 千米 / 时
装甲防护：铝合金、夹层装甲

德国“美洲狮”步兵战车

▲ 加装了装甲的“美洲狮”步兵战车

2005 年首辆样车完成，2008 年开始批量生产。车体采用无焊接薄装甲板制成，炮塔结构小而轻，炮塔内无乘员，车长和炮长均位于车体内。炮塔顶部中央装有可旋转 360 度的光学装置，供乘员使用。炮塔右部装有主要武器和辅助武器。

“美洲狮”步兵战车采用 MTU 公司生产的世界上结构最紧凑、重量最轻的 MT–902V–10 型高功率密度型柴油发动机。

“美洲狮”步兵战车将至少服役 30 年，其设计具有延长装备时间的潜力。目前，德国已经开始研发对步兵战车的改进，包括战场内敌我识别、指挥控制、通信和情报系统以及德国未来士兵系统等方面。

技术性能数据

战斗全重：31.45~43 吨
乘员：3 人
车长：7.27 米
车宽：3.71 米
车高：3.05 米
主要武器：Mk30–2ABM 型 30 毫米双弹链供弹机关炮
辅助武器：7.62 毫米机枪、MG4 型 5.56 毫米并列机枪

BTR-90 轮式装甲输送车

BTR–90 轮式装甲输送车由俄罗斯阿尔托玛兹机械厂研制，其具有很高的机动性、火力和生存能力，可供机械化步兵和海军陆战队执行火力支援、输送人员、监视、侦察和巡逻任务。

该车有多种变型车，包括步兵战车、指挥车、控制车、通信车和技术与医疗支援车等。

该车采用封闭式焊接装甲钢板车体。车体设计基于世界不同地区的作战经验和专家评估。动力舱在后，战斗舱在前，突击队员舱位于车体中部。车长和炮长位于炮塔中，车长可以进行全方位侦察、目标识别，如果有需要还可以控制车载建制武器。车载建制武器包括 1 门 2A42 式 30 毫米自动炮、1 挺 PKT7.62 毫米同轴机枪和 1 具 AGS–17 式 30 毫米榴弹发射器。

炮塔上的 1 具反坦克导弹发射器可以拆下来以便于地面发射。火控系统由炮长用 BPKZ–42 型综合昼 / 夜瞄准具和车长用 1P–13 型光学瞄准具组成。

BTR–90 的前装甲可防小口径自动武器射击，侧装甲可防大口径机枪和炮弹破片，还可加装附加装甲。

中国 81 式 122 毫米火箭炮

20 世纪 80 年代初装备中国陆军。发射管 40 个，分 4 层排列，每层 10 管。可以遥控发射，发射车采用越野汽车底盘。今后还将配用远程弹和反装甲弹种。

火箭弹重 66.7 千克，齐射时间 18~22 秒，最大射程 20700 米，战斗全重 15.16 吨，最大行驶速度可以达到 50 千米 / 时，炮班人数 7 人。

▲中国 81 式 122 毫米火箭炮的 40 根定向管通过前后方形支座用纵、横拉紧带集合成束；采用箱形万能支承回转盘；电动高低机和方向机安装在回转机低座箱体内，采用电传动为主，手摇动为辅的传动系统。齐射时，像火山喷发炽热岩浆，铺天盖地倾泻在目标上。

火箭炮

火箭炮是炮兵装备的一种多发联装火箭弹发射装置。按运动方式可分为牵引式和自行式；按结构可分为滑轨式、笼式、筒式和箱式。具有发射速度快、火力猛、威力大、机动性能好的特点，但发射时火光大，阵地容易暴露，因此比较适于对大面积目标射击。

美国 M270 式 227 毫米火箭炮

1983 年开始装备美国陆军并成为北约制式武器。

该火箭炮由履带车体、发射箱和火控系统三大部分组成。

发射箱内有 12 个发射管。配用弹种以子母弹为主，一次齐射可覆盖 6 个足球场大小的面积。

发射车采用 M2 式步兵战车底盘，配用先进的数字式火控系统。

1991 年在海湾战争中，该炮发挥了很大作用，被视为反炮兵战的最佳武器。

火箭弹重 310 千克（子母弹）、257.5 千克（布雷弹），齐射 50 秒，最大射程 32000 米（子母弹）、40000 米（布雷弹），战斗全重 25.191 吨，最大行驶速度 64 千米 / 时，最大行程 483 千米，炮班人数 3 人。

▲ M270 式 227 毫米火箭炮发射的瞬间

美国 M109A6 式 155 毫米自行榴弹炮

该炮 1993 年装备美国陆军，是美军炮兵的主炮，为 M109 式自行火炮的最新改进型。与原型相比，加长了身管，增大了射程，采用半自动装填机构，增加弹药携行量。配有自动火控计算机和车辆定位定向装置，可独立实施射击。系统反应能力、生存能力、系统可靠性和弹药的终点效应均比原型有大幅度提高，具备了新型自主式火炮的特点。

最大初速 827 米 / 秒，弹丸重 43.5 千克，持续射速 8 发 / 分，最大射程 24000 米（榴弹）、30000 米（火箭增程弹），战斗全重 28.350 吨，最大行驶速度 55 千米 / 时，最大行程 283 千米。

▼ M109A6 式 155 毫米自行榴弹炮的原型——M109，经改进后的 M109A6 式是美军炮兵的主炮。

英国AS90式155毫米自行榴弹炮

▲2008年，在伊拉克南部城市巴士拉行进的装备了英国AS90式155毫米自行榴弹炮的战车群

该炮于1993年列装，炮车上装有火控计算机，动态基准装置、车辆导向装置、自动供弹系统、夜间瞄准系统和三防设备，现配用的是39倍口径长的身管，今后打算安装52倍口径长的身管。

最大初速827米/秒，最大射速6发/分，最大射程24700米（榴弹）、32000米（底排弹），战斗全重46.3吨，最大行驶速度53千米/时，最大行程420千米，炮班人数5人。

俄罗斯 2C19 式 152 毫米自行榴弹炮

1988 年开始装备部队，取代 2C3 式自行榴弹炮，是俄军方面军、集团军炮兵的主炮。

全炮由 2A65 式 152 毫米火炮身管和 T–80 坦克底盘构成。采用全自动装填机构，携带弹药 50 发。

炮车上装有射击诸元显示器。配用弹种较多，可发射“红土地”激光制导反坦克炮弹。

最大初速 810 米 / 秒，弹丸重 43.56 千克，最大射速 8 发 / 分，最大射程 24700 米（榴弹）、30000 米（火箭增程弹），战斗全重 42.5 吨，最大行驶速度 60 千米 / 时，最大行程 500 千米，炮班人数 7 人。

▲ 俄罗斯 2C19 式 152 毫米自行榴弹炮

瑞士 GDF-004 式 35 毫米双管高射炮系统

▲瑞士 GDF-004 式 35 毫米双管高射炮系统是当今世界一种先进的牵引式高射炮系统。（摄影 / 玄史生）

GDF-004 是瑞士于 1984 年开始在 GDF-003 基础上改进的全自动、全天候高射炮系统，现已进入批量生产，并已为加拿大军队所采用。

它的主要特点是：使用瑞士 KDC35 毫米机关炮；具有雷达（“防空卫士”）和光电（“炮王”瞄准具）两套火控系统，命中精度高，抗干扰能力强，配用两个自动输弹装置，射击操作只需一人，电源装在炮上，机动性好，配用新式薄壁榴弹的单发毁歼概率达 75%。该炮是当今世界一种先进的牵引式高射炮系统。

有效射程 4000 米，有效射高 3000 米，射速 1000 发 / 分，战斗全重 7.7 吨，雷达搜索距离为 0.3~18 千米，跟踪距离 15 千米。

高射炮

从地面对空中目标射击的火炮。射界大，发射速度快，射击精度高。多数配有火控系统，能自动跟踪、瞄准目标。按口径可分为小口径（小于60毫米）高射炮、中口径（60～100毫米）高射炮和大口径（大于100毫米）高射炮；按运动方式可分为自行高射炮和牵引高射炮；按身管数量可分为单管高射炮和多管高射炮。高射炮出现于第一次世界大战前夕，20世纪60年代以来各国着重发展小口径多管联装高射炮武器系统。

俄罗斯“通古斯卡”弹炮合一防空系统

俄罗斯图拉设计局研制的“通古斯卡”弹炮合一自行防空系统在军队里知名度非常高，其作战性能优于世界上的同类系统。它的无线电－光学控制系统以其高度的抗干扰性和定位的准确性而著称，可在任何气候条件下打击任何目标。

在炮塔两侧各装有2门30毫米机关炮，各炮下方装有一部四联装导弹发射装置（共装8枚“萨姆”19防空导弹），车体为改进型MT–C装甲输送车，火控系统包括搜索雷达、跟踪雷达、光电设备、敌我识别装置和数字式弹道计算机。可在行进中射击。是目前世界上火力最强的防低空机动武器系统。

高射炮有效射程4000米，有效射高3000米，导弹有效射程8000米，射高3500米，搜索雷达作用距离18千米，跟踪雷达作用距离13千米，系统全重34吨，最大公路行驶速度65千米/时。

第3章 威猛军舰

随着导弹武器的发展，世界海军武器装备的发展重点已经从重型战舰转向了驱逐舰和护卫舰，而这两种战舰的吨位不断增大，已经模糊了巡洋舰、驱逐舰和护卫舰之间的区别。潜艇作为水下杀手和核大国的战略核反击骨干，继续得到高度重视和发展。传统海军大国仍然坚持发展航空母舰，以保证远海制空权和对地打击能力。

“阿利·伯克”级驱逐舰

技术性能数据

舰总长：153.8 米
舰宽：20.4 米
吃水：6.3 米
排水量：8422 吨（Ⅰ型），
9033 吨（Ⅱ型），
9217 吨（ⅡA 型，满载）
动力：4 台通用电气公司的
LM 2500 燃气轮机
航速：32 节
续航力：4400 海里 /20 节
人员编制：346 人，其中军官 22 名
（ⅡA 型 380 人，其中军官 32 名）

“阿利·伯克”级是美国海军现役和正在建造中的最新一级“宙斯盾”导弹驱逐舰。该级舰计划共建造 57 艘，到 1999 年 12 月已订购 48 艘。主承包商为巴斯钢铁公司和利顿公司英格尔斯造船厂。

“阿利·伯克”级分成几批建造，DDG-51 Ⅰ批首舰“阿利·伯克”号于 1988 年 12 月开工建造，1991 年 7 月 4 日建成服役，共建造 21 艘，舷号 DDG51-DDG71；DDG-51 Ⅱ批是 DDG-51 Ⅰ批的改进型，更新了部分武器装备，共建造 7 艘，舷号 DDG72-DDG78。目前，前两批已经全部建成服役，正在建造中的是最新改进型 DDG-51 ⅡA。

驱逐舰

具有多种作战能力，主要在中远海活动的中型军舰。满载排水量2000～8500吨。最大航速30～37节。装备多种导弹、舰炮、鱼雷、反潜兵器，有的还配备舰载直升机。主要任务是攻击潜艇和水面舰船，担负舰船编队的反潜和防空，支援登陆和抗登陆作战、袭击岸上目标以及护航、侦察、巡逻、警戒等。

“金刚”级驱逐舰

“金刚”级驱逐舰是日本海上自卫队在第二次世界大战后建造的吨位最大、火力最强、性能最优的驱逐舰，也是世界上第二个拥有先进的“宙斯盾”系统的水面舰艇。

它出现的原因是日本海上自卫队急需加强其“八八舰队”的防空能力，在航母受到种种限制、一时无望到手的情况下，拥有出色防空能力的“宙斯盾”级驱逐舰自然成为最好的选择。

该级舰是以美国海军的“阿利·伯克”级驱逐舰为蓝本建造的，在指挥系统和武器装备上大致相同，但舰体却采用了日本的设计，较后者吨位更重、航程更远，从而成为日本海上自卫队引以为荣的最新杰作。

该级舰首舰“金刚”号（DD173）于1990年5月开工，1991年9月下水，1993年3月正式服役。随后是“雾岛”号（DD174）、“妙高”号（DD175）。1998年3月，第四艘“鸟海”号（DD176）服役，标志着建造计划的全部完成。

技术性能数据

舰总长：161米
舰宽：21米
吃水：6.2米
标准排水量：7250吨
主机：4台LM2500燃气轮机，102160马力
最大航速：30节

▼“金刚”级驱逐舰首舰“金刚”号

"地平线"级护卫舰

"地平线"级护卫舰计划开始于1994年，其作为一项"全欧洲"项目价值130亿美元。原计划建造22艘，英国12艘，法国4艘，意大利6艘。但是1999年年初英国退出了此项计划。法国和意大利决定继续联合，用200亿法郎共同研制和建造4艘"地平线"级护卫舰，每个国家2艘。

护卫舰

以导弹、舰炮和反潜兵器为主要武器，具有多种作战能力的轻型军舰。满载排水量600～5000吨。最大航速24～35节。主要任务是担负舰船编队的防空、反潜，支援登陆、抗登陆作战以及护航、巡逻、布雷、警戒等。

"地平线"级护卫舰长151.6米，宽17.5米，吃水5.1米，满载排水量为6700吨，主机为两台LM-2500燃气轮机和两台柴油机，大大增强了其续航能力及远程作战能力，舰上装有"紫菀"30防空导弹的垂直发射系统48管，增强了该舰的防空能力。

虽然"地平线"是法、意两国联合研制的新型战舰，但我们仍然可以窥见浓郁的法国特色。该型护卫舰所采用的海军战术情报处理系统、近程防御系统等也是法国自主研制开发的，同时也代表着全球海军武器装备发展的先进水平。"地平线"的研制开发充分体现了法国海军的"一舰多用，平战结合"的思想。

F-124 级护卫舰

F-124 级护卫舰是德国、荷兰和西班牙于 1994 年启动的“三国护卫舰计划”（TFC）的产物。后来由于西班牙退出，“三国护卫舰计划”实际上只剩下荷兰和德国。而由 TFC 计划衍生出的就是荷兰的 LCF“普罗文森”级护卫舰和德国 F-124“萨克森”级护卫舰。

在武器系统方面，采用了成熟的美制 Mk-41 垂直导弹发射系统，并且积极谈判引进最新型的“标准”-3 拦截导弹，但在整个舰载反导系统的核心技术——预警雷达方面，坚持不受美国压力，采用了由荷、德、加三国联合研制的“APAR”四面有源相控阵雷达系统。

技术性能数据

舰总长：143 米
水线长：126.9 米
舰宽：17.4 米
吃水：4.4 米
满载排水量：5600 吨
航速：29 节
续航力：4000 海里 /18 节
人员编制：255 人（其中军官 39 名）

▼ F -124 级护卫舰首舰 FGS“萨克森”号，舷号 F 219。

这款“欧洲宙斯盾”是荷兰信号公司主要开发的，以大量民用电子技术为基础，按照战时环境标准予以功能强化，探测距离为 150 千米，同时跟踪 250 个目标，能同时控制 32 枚导弹和自动火炮进行作战，具有对战术弹道导弹的防御能力，对隐身武器也有很强的探测能力。

APAR 具有比美国“宙斯盾”更高的性价比，据称费用不到后者的一半，但可以完成后者 90%的战斗任务。

"安札克"级护卫舰

▲"安札克"级护卫舰"帕拉马塔"号

澳大利亚海军和新西兰海军建造"安札克"级护卫舰是为了替补退役或即将退役的护卫舰。1989 年 11 月 10 日，澳大利亚海事工程联合公司作为主承包商签订了建造 10 艘护卫舰的合同，其中 8 艘为澳大利亚海军建造，2艘为新西兰海军建造。首舰命名为"安札克"号，1993 年 11 月开工，1994 年 9 月下水，1996 年 5 月完工服役。

按照"安札克"最终装备目标，它是一级以反潜为主的多用途护卫舰，其主要使命任务如下：

1.为机动作战编队护航，担负反潜、防空和对海作战任务。

2. 保护澳大利亚的海区和重要航道免受敌潜艇的威胁。

3. 攻击敌水面舰艇。

技术性能数据

舰总长：118 米
水线长：109 米
舰宽：14.8 米
吃水：4.4 米
满载排水量：3600 吨
航速：27 节
续航力：6000 海里 /18 节
动力装置：1 台通用电气公司 LM2500 燃气轮机
持续功率：30172 马力，双轴，可调螺距螺旋桨
人员编制：163 人

▲"安札克"级护卫舰"瓦拉曼塔"号

“俄亥俄”级潜艇

美国军方在20世纪70年代初期展开了三叉戟Ⅰ型潜射弹道导弹的计划，同时开始发展一种新型的弹道导弹潜艇以供三叉戟导弹使用。最初的计划乃是建造一种“拉法耶”级的改良型潜艇，并使用相同的西屋S5反应堆，而后为了减低新潜艇的噪声，因此决定采用自然循环核反应堆。

虽然已获得国会的批准，不过这项计划在发展之初仍遇到不少困难，因此较预定进度落后许多。当困难被一一克服以后，终于产生了一种极为优秀的潜艇与极具威力的导弹。

第一艘“俄亥俄”号（SSBN 726）1981年开始测试工作，1982年1月发射第一枚导弹，并在1982年10月作首次战斗部署。前八艘“俄亥俄”级潜艇在帆罩后方配有24枚三叉戟Ⅰ型导弹，“田纳西”号（SSBN 734）则改为三叉戟Ⅱ型导弹，这种导弹于1990年3月在“俄亥俄”级潜艇上完成首次战斗巡航。除弹道导弹外，各舰另备有4具传统鱼雷发射管可供自卫。

技术性能数据

艇总长：170.7米
艇宽：12.8米
吃水：11.1米
水上排水量：16600吨
水下排水量：18750吨
动力装置：1台通用电气公司的S8G压水反应堆，2台蒸汽轮机
功率：约60000马力

潜艇

也称“潜水艇”。能潜入水下进行作战和活动的舰艇。按作战使命可分为战略导弹潜艇和攻击潜艇；按动力可分为核动力潜艇和常规动力潜艇；按排水量可分为大、中、小型和袖珍潜艇。水下排水量数十吨至两万多吨，下潜深度100～900米，水下航速20～42节。主要武器有导弹、鱼雷和水雷。主要任务是攻击大中型舰船，对岸上重要目标实施核突袭，破击海上交通线，以及侦察、反潜、布雷、救援、遣送特种人员、物资登陆。潜艇艇体由耐压壳体和非耐压壳体构成。并有专门的水柜，用来排水、注水，产生正负浮力，以便上浮和下潜。

"海狼"级潜艇

技术性能数据

艇总长：107.6 米
艇宽：12.9 米
吃水：10.9 米
排水量：8060 吨（水面）
9142 吨（水下）
航速：39 节（水下）
动力装置：1 座威斯汀豪斯公司的 S6W 压水堆；2 台汽轮机；1 个威斯汀豪斯公司的辅助推进电机
人员编制：134 人（其中军官 14 名）

美国海军为在 20 世纪 90 年代后期和 21 世纪保持其核动力攻击型潜艇的优势，从 20 世纪 80 年代中期就开始研制替代"洛杉矶"级的"海狼"级新式攻击型潜艇，并于 1989 年开始建造首艇，该级艇共建造了 3 艘，1997—2007 年陆续服役。

"海狼"级潜艇是美国历史上航速最高、下潜最深、隐蔽性最好的核潜艇，同时也是世界上装载武器最多的攻击型核潜艇。该级潜艇应用最新技术，在动力装置、武器装备和探测器材等设备方面，堪称世界一流。

据美国海军宣布，模块化设计比改进的"洛杉矶"级潜艇能载更多的武器、有更好的战术速度、更好的声呐，反潜效率提高 3 倍。

"海狼"级的指挥塔围壳为独特的靴子型，此种围壳可有效降低航行阻力，且有利于在北极地区进行破冰上浮。

“洛杉矶”级潜艇

▲“洛杉矶”级攻击型核潜艇首艇“洛杉矶”号

技术性能数据

艇总长：110.3 米
艇宽：10.1 米
吃水：9.9 米
标准排水量：6082 吨
航速：32 节（水下）
动力装置：1 座通用电气公司的 S6G 压水堆；2 台汽轮机；1 台马格耐特克公司的辅助推进电机
人员编制：133 人（其中军官 13 名）

美国海军在 20 世纪 60 年代末期拟定一项可执行反潜作战的高速攻击潜艇计划，之后发展出一种既精密又昂贵，也极具效能的武器——“洛杉矶”级潜艇，这是美国海军第五代攻击核潜艇，也是世界上建造批量最大的一级核潜艇。

它具有优良的综合性能，主要承担反潜、反舰和对陆攻击等任务。

该级艇在 20 世纪 80 年代后期有各种大的改进和新的设计变更，这些都引起计划的推迟。

“洛杉矶”级核潜艇“夏延”号 ▶

“企业”号航空母舰

1954 年 9 月 30 日，美国海军“鹦鹉螺”号核潜艇建成服役，标志着海军舰艇发展史上一个新时代的到来。核动力航母的优越性是不言而喻的，1958 年 2 月 4 日，世界上第一艘核动力航母 CVN 65“企业”号在纽波特纽斯船厂开工建造，1960 年 9 月 24 日下水，1961 年 11 月 25 日正式服役。

“企业”号舰体与“小鹰”级基本相同，采用了封闭式飞行甲板，从舰底至飞行甲板形成整体箱形结构，在斜直两段甲板上分别设有 2 部蒸汽弹射器，斜角甲板上设有 4 道拦阻索和 1 道拦阻网，升降机为右舷 3 部，左舷 1 部。其机库为封闭式，长 223.1 米，宽 29.3 米，高 7.6 米。飞行甲板为强力甲板，厚达 50 毫米，在关键部位加装装甲，水下部分的舷侧装甲厚达 150 毫米，并设有多层防雷隔舱。

“企业”号舰载武器为 3 座八联装“海麻雀”舰空导弹发射架和 3 座“密集阵”近防武器系统。

航空母舰

航空母舰简称“航母”，是以舰载机为主要武器并作为其海上活动基地的大型军舰。

按战斗使命可分为攻击航空母舰、反潜航空母舰和多用途航空母舰；按动力可分为核动力航空母舰和常规动力航空母舰。满载排水量20000～90000吨。最大航速35节。有机库、升降机、飞行甲板、飞机起飞弹射器等特种设施。可携载飞机20～100架。在其他战斗舰艇护航下，能远离海岸机动作战，袭击海上编队和岸上目标，夺取作战海区的制空权和制海权。

技术性能数据

舰总长：342.3 米

舰宽：40.5 米

吃水：11.9 米

标准排水量：75700 吨

满载排水量：93970 吨

最高航速：33 节

动力装置：8 座西屋公司的 A2W 压水反应堆，驱动 4 台通用电气公司的蒸汽轮机，4 轴 4 桨

主机总功率：280000 马力

人员编制：3319 人

在漫长的海上生涯中，“企业”号共 4 次更换核燃料：在航行了 20.7 万海里之后，于 1964 年 11 月第一次更换；又航行了 30 万海里之后，于 1969 年 10 月第二次更换；在航行了 50 万海里之后，于 1979 年第三次更换；在 1991 年该舰实行“延长服役期改装计划”时，第四次更换核燃料。

“小鹰”级航空母舰

技术性能数据

舰总长：323.6 米
舰宽：39.6 米
吃水：11.4 米
标准排水量：60100 吨
满载排水量：81123 吨
舰上载航空燃油：5882 吨
最大航速：32 节
续航力：12000 海里 /20 节
动力装置：8 台福斯特 – 韦勒锅炉，4 台威斯汀豪斯公司的汽轮机
总功率：280000 马力
飞行甲板：长 318.8 米，宽 76.8 米

20 世纪 50 年代，美国建造的“福莱斯特”级航空母舰被称为“超级航空母舰”，但在服役过程中发现了一些不足，于是在 1956 年建造第五艘时，美国海军对其进行了大幅度改进并连续建造了 3 艘，称之为“小鹰”级，它是美国建造的最后一级常规动力航空母舰，也是世界上最大的一级常规动力航母。

1956 财年批准“小鹰”号，1957 财年批准“星座”号，1963 财年批准“肯尼迪”号。1991 年 2 月“小鹰”号、1992 年 12 月“星座”号完成延寿计划改装；1996 年 9 月“肯尼迪”号完成改装，并成为预备役训练航母。1995 年，在“星座”号上完成了先进作战指挥系统（ACDS Block1）的试验，而且到 1997 年年底该级舰全部进行了作战指挥系统的改装。

“尼米兹”级航空母舰

“尼米兹”级航空母舰是当今世界海军威力最大的海上巨无霸，是美国海军独家拥有的大型核动力航空母舰，它的巨大威力令任何海上对手都望尘莫及。可以说，“尼米兹”级航母是当代航空母舰家族中最具代表性的一员。

“尼米兹”级是美国海军第二代航母，全部由纽波特纽斯船厂建造，迄今已有 9 艘服役，未来还将有 1 艘加入这个兴盛的大家族。

此外，随着科技的进步，舰上设备也有很大改变。像“杜鲁门”号就融入了信息技术的最新成果，如大面积使用光纤电缆以提高数据传输数率；布设了 IT－21 非保密型局域网，将计算机、打印机、复印机、作战兵力战术训练系统、舰艇图片再处理装置、数字化综合印刷及综合数据库等连接为一体，实现了无纸化办公。舰员还配备了数字身份卡，舰载机的起降设备也增设了电视监视系统。

技术性能数据

舰总长：332.9 米
舰宽：40.8 米
吃水：11.3 米
满载排水量：91487 吨
轻载排水量：72916 吨
飞行甲板长：332.9 米
斜角甲板长：237.7 米
总宽：76.8 米
航速：30 节以上

“戴高乐”级航空母舰

技术性能数据

舰总长：261.5 米
水线长：238 米
舰宽：64.4 米
水线宽：31.5 米
飞行甲板：长 261.5 米，宽 64.4 米
吃水：8.5 米
满载排水量：40550 吨
标准排水量：36600 吨
航速：27 节
动力装置：2 座 K15 型压水堆；2 台通用电气公司的汽轮机
人员编制：1150 人

1980 年 9 月 23 日，法国国防部决定建造两艘“戴高乐”级核动力航空母舰以代替将于 1996 年以后退役的“克莱蒙梭”号和“福煦”号。

该级首舰“戴高乐”号于 1986 年 2 月 4 日订货，1992 年 12 月 19 日进行水密试验，并于 1993 年 1 月 8 日重新进坞。第二艘的建造计划可能被取消。

“戴高乐”号上的弹射器采用美国海军的 C13，可弹射 22 吨重的飞机。“岛”靠前，两部升降机位于其后，有利于耐波性。装有法国电气与电信设备公司的“达拉斯”进场和助降激光系统，其后由 MLS 代替。装有主动减摇鳍。该舰以 25 节可连续航行 5 年再换核燃料，核反应堆与“胜利”级潜艇相同。

该舰在 1999 年进行了海试。

▼法国“戴高乐”号航母舱室布置图，图中可见生活舱室布置位置。

“迪皮伊·德·洛梅”号电子侦察舰

“迪皮伊·德·洛梅”号是法国新研制的电子侦察舰，2001 年 12 月开始研制，2006 年 3 月正式服役。

舰上安装警报探测系统，配备 2 挺 12.7 毫米 M2HB 勃朗宁重机枪。另外，舰尾平台可载 1 架多用途直升机。

“迪皮伊·德·洛梅”号汇聚了泰利斯公司最新的电子技术，装备的电磁侦察系统可搜集各种电子信号和雷达信号，确保完成复杂的测向和侦听任务。其装置的高性能稳定系统，使它即便在 6 级海况下仍能以 10 节航速巡航，继续执行侦察任务。

“迪皮伊·德·洛梅”号电子侦察舰的另一特点是安装有航行补给甲板和设施，使它一年可在海上执行侦察任务 350 天，是世界侦察舰年值勤时间最长的纪录。

技术性能数据

舰长：107.75 米
舰宽：15.85 米
满载排水量：3600 吨
最大航速：16 节
人员编制：108 人

▼“迪皮伊·德·洛梅”号电子侦察舰
（摄影 /Jean-Michel Roche）

“惠德贝岛”级船坞登陆舰

技术性能数据

舰长：185.6 米
舰宽：25.6 米
满载排水量：15726 吨
最大航速：22 节

“惠德贝岛”级船坞登陆舰是美国海军最新的船坞登陆舰，是美国海军登陆舰艇主力之一，首舰“惠德贝岛”号于 1981 年 8 月动工建造，1985 年 2 月服役。

该级舰的主要任务是在登陆战中运送和投入各种登陆艇（尤其是气垫登陆艇）和车辆，并为登陆艇提供维修服务。

首舰安装了舰自卫系统（SSDS），该系统能组合和控制传感器（如 SPS49 对空搜索雷达、SLQ32 电子战系统和 SAR-8 红外指挥仪）和武器（如“密集阵”近程武器系统或对空导弹），以缩短该级舰反巡航导弹的反应时间，增强自身的对抗能力。

“黄蜂”多级多功能两栖攻击舰

“黄蜂”多级多功能两栖攻击舰是目前世界上最先进的两栖攻击舰之一。该级舰共建造了 7 艘，1989 年首舰建成并服役，2000 年全部完工。

“黄蜂”多级多功能两栖攻击舰武器系统十分先进。装备有“密集阵”近程防御系统和“海麻雀”舰空导弹，此外还有作战指挥、登陆作战指挥系统和电子干扰系统。

除可运载气垫登陆艇 3 艘外，CH-46E 型“海骑士”直升机 42 架，“鹞”式垂直/短距起降飞机 8 架，还可运载 1870 名登陆兵。

技术性能数据

舰长：257.3 米

舰宽：42.7 米

满载排水量：40532 吨

最大航速：22 节

▼“黄蜂”级“拳师”号——USS Boxer (LHD-4) 两栖攻击舰

第4章

铁翼军机

衡量武器装备的优劣，打击力是首要的因素。空军武器装备以作战范围大、突击猛烈而著称。现代战争正以惊人的速度向信息化迈进，而拥有信息化武器装备的空军在现代战争中的作用举足轻重。现代空军的主战武器包括：战斗机、轰炸机、直升机等。

F-16“战隼”轻型战斗机

F-16“战隼”轻型战斗机是美军主力轻型战斗机。1972年1月，美国空军正式提出“轻型战斗机原型机计划”，目的是发展和验证可在轻型战斗机上采用的新技术，并没打算真的搞一个投产型号。4个月后，就从5家参加投标的公司中选定通用动力公司的401和诺斯罗普公司的P.600两个方案，并签订合同，要求两家公司各制造2架原型机进行试飞竞争。

第一架YF-16原型机于1973年12月出厂，1974年2月首次试飞。F-16生产型于1976年12月首飞，1978年年底开始装备美国空军。现已成为美国空军的主力战机之一。

国外用户包括比利时、丹麦、荷兰、挪威、以色列、埃及、希腊、土耳其、巴基斯坦、韩国、泰国、新加坡等国家，而中国台湾省也有订购。难怪F-16有“国际战斗机”之誉。

技术性能数据

翼展：9.45 米
全长：15.03 米
高度：5.09 米
空重：7070 千克
最大起飞重量：19187 千克
内载燃油量：3160 千克
最大挂载能力：6800 千克
发动机：F100-PW-200 型涡轮风扇发动机 1 台
最大平飞速度：2.0 马赫数
最大爬升率：15240 米 / 分
实用升限：15240 米
转场航程：3890 千米

战斗机

即“歼击机”，旧称“驱逐机”。主要用以歼灭空中飞机和巡航导弹的飞机。是航空兵进行空战的主要机种，也可用于对地攻击。现代歼击机多为单座，装1～2台喷气式发动机，有火控系统、电子对抗系统和其他自动化电子设备。机载武器有航炮、空空导弹、火箭弹和炸弹等。主要特点是机动性能好、速度大、上升快、空战火力强。现代歼击机的最大飞行速度大约为2马赫数，实用升限约20000米，带副油箱时的最大航程达4000千米。

F-15“鹰”战斗机

F-15“鹰”战斗机是全天候、高机动性的战术战斗机。针对获得与维持空中优势而设计的它，是美国空军现役的主力战机之一。F-15是由1962年展开的F-X（Fighter-Experimental）计划发展出来，1969年由麦克唐纳·道格拉斯公司得标，1972年7月首次试飞，1974年交付美国空军使用，直到现在。在战机世代上，它被归为第三代战斗机（这是西方标准，俄罗斯标准则列为第四代），与F-16，美国海军的F-14、F/A-18，欧洲的狂风、“幻影”2000等是同一代。

技术性能数据

翼展：13.05米
机长：19.43米
机高：5.63米
机翼面积：56.5平方米
主轮距：2.75米
前后轮距：5.42米
空机重量：12973千克
机内最大燃油重量：6103千克
最大平飞速度：2.5马赫数
实用升限：18300米
起飞滑跑距离（截击）：274米

F/A-22 “猛禽”战斗机

F/A–22 是美国空军研制的新一代战斗机，也是目前唯一面世的第四代战斗机，成为 21 世纪初的主战机种。它的任务包括：夺取制空权，为美军作战提供空中优势，在战区空域有效实施精确打击；防空火力压制和封锁、纵深遮断，近距空中支援。

与第三代战斗机相比，F/A–22 最具里程碑意义的技术特性是：采用全隐身与气动综合布局、持续的超声速巡航能力、过失速机动、短距起降、先进的机载设备和火控系统与综合航空电子系统。

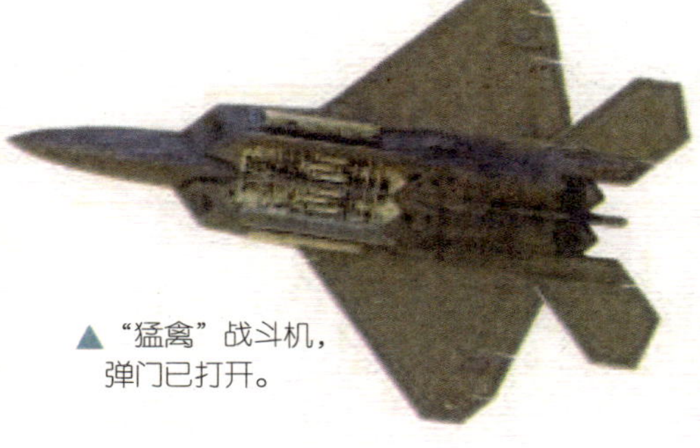

▲“猛禽”战斗机，弹门已打开。

技术性能数据

机长：18.92 米
机高：5.08 米
翼展：13.56 米
展弦比：2.4
机翼面积：78.0 平方米
武器舱离地间隙：0.94 米
前后轮距：6.04 米
重量及载荷（估计值）
设计空重：14365 千克
最大载油量：6804 千克
最大有效载重：11340 千克
设计起飞重量（典型空战任务）：27216 千克
最大无加力巡航速度：1.6 马赫数
最大俯冲速度：2.5 马赫数
起飞滑跑距离：610 米
着陆滑跑距离：914 米
作战半径：2177 千米
最大转场航程：4840 千米
限制过载：+9g

A-10“雷电”战斗机

▲ A-10“雷电”战斗机上装载的 GAU-8 复仇者机炮

A-10 是美国费尔柴尔德公司研制的单座双发近距空中支援攻击机。1966 年，美国根据越南战争的教训，提出了研制新型单座近距支援攻击机以取代螺旋桨式攻击机 A-1 的计划，即 A-X 计划。

1967 年 4 月美国空军提出招标，1970 年 3 月选定诺斯罗普公司和费尔柴尔德公司各制造 2 架原型机，诺斯罗普公司的设计称 A-10。

在 1911 年的海湾战争中，有 120 架 A-10 参加了战斗，取得了很好的战绩。

技术性能数据

翼展：17.53 米
机长：16.25 米
机高：4.47 米
机翼面积：47.01 平方米
展弦比：6.54
主轮距：5.25 米
制造商空重：9183 千克
极限速度：834 千米 / 时
实用升限：9100~11000 米

F-117 A“夜鹰”战斗机

F-117A 是美国洛克希德公司研制的隐身战斗机，它具有很好的雷达、红外和目视隐身能力，除主要用于压制敌方防空系统，摧毁严密设防的指挥所、战略要地、核生化中心、重要工业目标外，还可执行侦察任务，并具有一定的空战能力。

该机的研制、生产和使用曾一度处于严格保密的状态，并且只在夜间执行任务，曾被外界猜测为 F-19。后来，由于事故频出，先后有 3 架飞机在执行任务过程中坠毁，美国军方才于 1988 年 11 月 10 日向外界公布该机的存在。

技术性能数据

翼展：13.20 米
机长：20.09 米
机高：3.78 米
机翼面积：73 平方米
空机重量：13380 千克
最大起飞重量：23814 千克
最大使用速度：0.92 马赫数
作战半径（不空中加油，载弹 2268 千克）：1056 千米
限制过载：+6g

F-117A 座舱盖为整体式，镶有 5 块透明平板，其上都有金属镀膜，可防止雷达波进入座舱内。

1989 年 12 月 21 日，F-117A 首次实战，参加了美国对巴拿马的军事行动。海湾战争中 42 架 F-117A 出动了 1300 架次，轰炸了战略目标清单中 40%的目标，无一损失，表现出色，深受美国空军的赞赏。但在 1999 年的科索沃战争中，F-117A 不败的神话被打破，有 1 架 F-117A 被击落。

2008 年，F-117A 退出了美军现役飞机行列。

B-2“幽灵”轰炸机

▼一架正在接受加油的 B-2 隐形轰炸机

技术性能数据

翼展（后掠角 33°）：52.43 米
机长：21.03 米
机高：5.18 米
主轮距：12.20 米
有效载荷：18144 千克
最大内部载油量：81650~90720 千克
典型起飞重量：152635 千克
进场速度：259 千米 / 时
实用升限：15240 米
作战航程：（带 8 枚 SRAM，8 颗 B83 炸弹，武器重 16919 千克）
高 – 高 – 高　11675 千米
高 – 低 – 高　8339 千米

B–2“幽灵”是美国空军重型隐身轰炸机，它能从美国本土或前沿基地起飞，在无需支援飞机护航的情况下，穿透敌复杂的防空系统，攻击高价值、强防御、最急迫的目标。它是美国空军在 21 世纪的一支有效的威慑和作战力量。目前 B–2 只有 B–2A 型。

美国诺斯罗普·格鲁门军用飞机系统部是 B–2 轰炸机的主要承包商，负责飞机全部系统设计和合成。波音公司、防卫空间集团、通用电气公司及 LTV 公司也参与了飞机各类部件和训练设备的研制。

由于 B–2 的先进性、保密性和可维护性的缘故，加上产量少、通货膨胀，B–2 的造价是昂贵的。1995 年，根据美国空军与诺斯罗普公司的合同规定，厂家以每年 3 架的生产速度制造出 20 架 B–2A，每架飞机约合 6 亿美元。最终加上研制费用，购买 1 架 B–2A 的费用超过 20 亿美元。

B–2 从 1978 年开始研制，首架飞机于 1989 年 7 月首飞，第一架 B–2 轰炸机“密苏里幽灵”号于 1993 年 12 月交付。美国空军目前共装备 21 架。

图 -160“海盗旗”战略轰炸机

图 –160 是俄罗斯图波列夫设计局研制的一种变后掠翼超声速战略轰炸机，北约称之为“海盗旗”，1987 年开始交付空军试用。

根据战术技术要求，该机的主要作战方法是在高空用巡航导弹进行防区外攻击或实施超声速突防攻击，在低空使用近距攻击导弹和核炸弹等武器实施高亚声速突防攻击。

2005 年 12 月 30 日，时任俄罗斯总统普京签署列装命令，至此，图 –160 结束部队试用状态，正式进入俄罗斯空军服役。2007 年 8 月 17 日，普京下令俄罗斯空军的远程轰炸航空兵恢复自 1991 年开始中断的巡逻飞行任务。2008 年 9 月 10 日，有 2 架图 –160 还曾飞抵委内瑞拉进行训练飞行。

技术性能数据

翼展：55.70 米（后掠角 20 度）
　　　35.60 米（后掠角 65 度）
机长：54.10 米
机高：13.10 米
主轮距：5.40 米
前后轮距：17.88 米
最大起飞重量：275000 千克
高空最大平飞速度：2.05 马赫数
实用升限：15000 米
最大航程（无空中加油）：>12500 千米
起飞滑跑距离：2200 米
最大着陆滑跑距离：1600 米
限制过载：+2g

图 –160“海盗旗”战略轰炸机

BING 01 图-22M“逆火”战术轰炸机

技术性能数据

翼展：23.30 米（全后掠）
34.28 米（全展开）
机长：42.46 米
机高：11.08 米
机翼面积（净面积）：
164 平方米
最大起飞总重：124000 千克
最大燃油重量：50000 千克
最大平飞速度（高空）：
1.88 马赫数
正常巡航速度（高空）：
900 千米 / 时
（低空）：0.86 马赫数
实用升限：13300 米
实用航程：7000 千米
起飞滑跑距离：2000~2100 米
着陆滑跑距离（正常着陆重量）：
1200～1300 米

图-22M 中程战术轰炸机是俄罗斯图波列夫设计局研制的可变后掠翼超声速轰炸机，北约给予的绰号为“逆火”。原型机于 1969 年 8 月 30 日首飞成功，生产型于 1974 年开始正式交付部队使用。

图-22M“逆火”的主要型别有：图-22M1（“逆火”A），初始型；图-22M2（“逆火”B），首批生产型；图-22M3（“逆火”C），先进远程轰炸及海上型；图-22MR 型，由图-22M3 型改装的电子战型等。

该机于 1992 年在英国范堡罗航展上首次公开露面，至 1993 年停产时，各种型别的图-22M 共生产了 497 架。

1988—1989 年，图-22M 在苏联入侵阿富汗战争末期首次实战使用。1995 年，该机又在车臣战争中执行了轰炸任务，2008 年还在俄罗斯与格鲁吉亚之间的南奥赛梯冲突中使用，但此战中有 1 架图-22M3 被格鲁吉亚防空火力击落。

S-70B/SH-60“海鹰”直升机

S-70B是美国西科斯基飞机公司为美国海军研制的双发单旋翼中型通用直升机，美军统一编号为H-60，“H”之前再根据具体型别的主要用途，按美国国防部的装备编号规则加上相应的字母。

▲ SH-60B“海鹰”直升机

SH-60B是基本的反潜/反舰型，主要任务是扩大美国海军的反潜和反舰能力，补充现有陆基和舰载固定翼飞机的不足，次要任务是搜索救生、撤退伤员和垂直补给等；SH-60F是美国航空母舰上使用的舰载直升机，用来替换海军的SH-3H“海王”直升机；HH-60H是美国海军的战斗搜索和救援/特种作战支援型直升机，可带两枚Mk46鱼雷、反舰导弹及机枪等武器。

技术性能数据

旋翼直径：16.36米
尾桨直径：3.35米
旋翼桨叶弦长：0.53米
机长（旋翼和尾桨转动）：19.76米
机长（旋翼和尾斜梁折叠）
SH-60B：12.47米
HH-60H：12.51米
HH-60J：13.13米
机身长（不含空中加油管）
SH-60B：15.26米
HH-60J：15.87米
机宽（旋翼折叠）：3.26米
机高（桨毂顶部）：3.79米
（尾桨转动）：5.18米
（尾斜梁折叠）：4.04米
主轮距：2.79米
后主轮距：4.83米
SH-60B（反潜任务）：6191千克
HH-60H：6114千克
HH-60J：6086千克
有效载荷HH-60J：3551千克
内部载荷HH-60H：1860千克
SH-60B（反潜任务）：9182千克
SH-60B（突击任务）：8334千克
SH-60B（通用任务）
和HH-60H：9926千克
HH-60J：9637千克
最大桨盘载荷：0.46千牛/平方米
巡航速度（海平面）
HH-60H：272千米/时
HH-60J：271千米/时
冲刺速度（高度1525米，炎热天气）
SH-60B：234千米/时
垂直爬升率（海平面，32.2℃）
SH-60B：3.55米/秒
垂直爬升率（海平面，32.2℃，单发）
SH-60B：2.28米/秒

V-22“鱼鹰”倾转旋翼机

技术性能数据

旋翼/螺旋浆直径（每副）：11.61 米
翼展（短舱除外）：14.02 米
（包括短舱）：15.52 米
机翼弦长（定常）：2.54 米
旋翼/螺旋浆中心距：14.20 米
机宽（旋翼转动）：25.78 米
（旋翼/机翼折叠）：5.61 米
机身长（不包括受油管）：17.47 米
机长（旋翼/机翼折叠）：19.30 米
平尾展长：5.61 米
有效容积：24.3 立方米
空重（带设备）：15177 千克
最大燃油重量（标准）：6282 千克
（转场）：11970 千克
最大内部载荷（带货物）：9072 千克
正常起飞重量（垂直起飞重量）：21545 千克
（短距起飞重量）：25855 千克
最大巡航速度（海平面，直升机状态）：185 千米/时
最大平飞速度（海平面，定翼机状态）：509 千米/时
最佳高度，定翼机状态）：582 千米/时
实用升限：7529 米
起飞滑跑距离（正常短距起飞重量）：<152 米

1986 年，由美国海军首先开始研制的 V-22“鱼鹰”飞机是世界上第一种倾转旋翼机，主要用于空运、搜索、救援和预警。其后，美陆军、空军和海军陆战队也参加进来，因此 V-22 被称为“多军种先进垂直起落飞机”。在海军计划中，它被定名为 HV-22B，在陆军中被称为 CV-22B，而海军陆战队则称它为 MV-22B。

截止 2009 年 8 月，美国海军陆战队已接收了 97 架生产型 MV-22B，美国空军已接收了 11 架生产型 CV-22B。从 2008 年开始，该机被部署到伊拉克和阿富汗，在部署期间出现了可执行任务率不满足要求的问题，但其用途、效能和性能得到了美国海军陆战队的肯定。

S-70“黑鹰”直升机

技术性能数据

旋翼直径：16.36 米
旋翼桨叶弦长：0.53 米
尾桨直径：3.35 米
机长（旋翼和尾桨转动）：19.76 米
（旋翼和尾斜梁折叠）：12.60 米
机身最大宽度（UH–60A）：2.36 米
（MH–60G（带副油箱）：5.46 米
机高（尾桨转动）：5.13 米
（至尾桨顶部）：3.76 米
平尾翼展：4.38 米
全机空重（UH–60A）：5118 千克
任务起飞重量（UH–60A）：7708 千克
最大起飞重量（UH–60A，S–70A）：9979 千克
最大允许速度：361 千米 / 时
最大平飞速度（海平面）：293 千米 / 时
垂直爬升率（海平面）：>2.28 米 / 秒
实用升限：5790 米
悬停高度
有地效，35℃：2895 米
无地效，国际标准大气：3170 米
无地效，35℃：1705 米
航程（最大起飞重量，最大机内燃油，30 分钟余油）：600 千米
航程（在外挂架上吊挂外部油箱）
2 个 870 升油箱：1630 千米
2 个 870 升油箱和 2 个 1703 升油箱：2220 千米
续航时间
UH–60A：2 小时 18 分
MH–60G（最大燃油）：4 小时 51 分

S–70 是美国西科斯基飞机公司为美国陆军研制的双发单旋翼战斗突击运输直升机。美国陆军的编号为 UH–60A、UH–60L，绰号为“黑鹰”及编号 EH–60C、MH–60K；美国空军的编号为 HH–60A、MH–60G，绰号为“铺路鹰”；美国海军陆战队的编号为 VH–60N。S–70 是公司的编号。该机是 UH–1 的后继机，是美国陆军 20 世纪 80 年代运输直升机的主力。

CH-47“支努干”运输直升机

▲ 正在运送战车的 CH-47“支努干”运输直升机

波音 114/414 是美国波音直升机公司（原波音·伏托耳公司）研制的双旋翼纵列式全天候中型运输直升机。美国陆军编号 CH-47“支努干”，加拿大部队编号 CH-147，英国皇家空军编号为“支努干”HC.Mk1/2，西班牙陆军编号为 HT.17。

CH-47“支努干”直升机于 1956 年开始研制，当时，美国陆军部宣布要以新一代涡轮轴发动机直升机取代它的活塞式发动机运输直升机。美国陆军于 1959 年 6 月与波音直升机公司签订了一项初步合同，制造 5 架 YCH-47A（原先代号为 YCH-1B）。1961 年 4 月 28 日，第一架 YCH-47A 总装完成。1961 年 9 月 21 日进行了首次悬停飞行。

技术性能数据

旋翼直径：18.29 米
旋翼桨叶弦长：0.81 米
两副旋翼中心距：11.86 米
全长（两副旋翼转动）：30.14 米
机身长
CH-47D：15.54 米
CH-4“国际支努干”和 MH-47E：15.87 米
机宽（旋翼折叠）
CH-47D：3.78 米
机高（至后旋翼桨毂顶部）：5.68 米
轮距（减震支柱间距离）
CH-47D：3.20 米
MH-47E：3.63 米
前后轮距
CH-47D：6.86 米
MH-47E：7.87 米
旅客舱门（右、前）
高 × 宽：1.68 米 × 0.91 米
离地高度：1.09 米
后货舱门跳板外缘
高 × 宽：1.98 米 × 2.31 米
离地高度：0.79 米
座舱（不包括驾驶舱）
长度（CH-47D）：9.19 米
（MH-47E）：9.30 米
宽度（平均）：2.29 米
（地板）：2.51 米
高度：1.98 米
地板面积：21.0 平方米
有用容积：41.7 立方米

AH-64“阿帕奇”直升机

1972 年底，美国陆军为了加强其武器装备，提高部队的快速反应能力，提出了“先进技术攻击直升机”（AAH）计划。要求研制一种能在恶劣气象条件下，可昼夜执行作战任务，并具有很强的战斗、救生和生存能力的先进技术直升机。

从 1976 年 5 月开始，由美国陆军组织对两家公司的原型机进行对比试飞，到 1976 年底经过 90 小时的试飞对比，美国陆军正式宣布休斯公司的 YAH–64 方案获胜。再经过修改定型，到 1984 年 1 月第一架生产型 AH–64A 正式交付部队使用。AH–64A 是美国陆军的编号，休斯公司的编号为休斯 77，1981 年年底正式命名为“阿帕奇”，从此美国新一代武装直升机 AH–64A“阿帕奇”宣布诞生。

1985 年 8 月 27 日，休斯直升机公司并入美国麦克唐纳·道格拉斯公司，从这个时候起休斯直升机公司便不复存在，“阿帕奇”也更换主人，成了麦克唐纳·道格拉斯公司的直升机。

A-50预警机

A-50预警机是俄罗斯伊留申设计局在伊尔-76MД军用运输机的基础上改装而成的四发预警指挥机，用来作为图-126预警机的后续机种。该机的研制工作始于20世纪70年代，20世纪80年代初开始生产，1984年正式服役。

A-50前机身加长，头部有空中加油受油杆，头锥内装有气象雷达，机翼前的机身上面装有卫星导航/通信天线。机身腹部前后两侧的天线罩内为电子对抗监视天线。垂尾根部有辅助动力装置进气口，尾部有天线罩。翼尖可带电子侦察舱，舱外侧有大气采样口，用于监测核、生化污染。

A-50预警机可配合米格-29、米格-31或苏-27等战斗机执行防空或战术作战任务，引导己方战斗机攻击敌方目标。此外，A-50预警机也可执行空中预警和警戒任务。1991年海湾战争期间，苏联每天出动2架A-50预警机，24小时监视美国从土耳其飞往伊拉克的飞机和舰射巡航导弹。

A-50预警机除基本型外，还有两种改型：A-50M，换装了更先进的“熊蜂”2综合电子系统和新的计算机处理系统，其探测距离增大，可同时引导10架战斗机攻击目标；A-50U，装备有“熊蜂”1M或“熊蜂”2空中预警与控制系统，探测性能进一步提高，同时起飞重量和续航时间也有所增加。

预警机

预警机，亦称“预警指挥飞机”、“预警飞机”。用以搜索和监视空中、海上目标，指挥引导己方飞机遂行作战任务的飞机。机内装有预警雷达，能扩大、延伸地面雷达探测距离。带罩的雷达天线通常装在机身上方，也有装在机头和机尾的。预警机探测低空、超低空目标的性能好，便于机动。战时可迅速飞往作战地区遂行任务；平时可沿边界或公海巡逻，侦察、搜集情报，防备突然袭击。

海湾战争期间，美国动用了27架E-2C和11架E-3预警机参战，共出动了1631架次，累计飞行10246小时，不仅向战区指挥中心提供了翔实的空情，还与RC-135电子侦察机、战地空中指挥控制中心和战术空中指挥中心建立了数据共享网络。

E-2 "鹰眼"预警机

E-2 "鹰眼"是美国格鲁门公司研制的舰载预警机，用于舰队防空预警和空战引导指挥，但也适用于执行陆基飞行任务。

E-2 的主要型别有：A 型，最初的生产型，1964 年 1 月 19 日开始交付美国海军使用，共生产 56 架（不含原型机）；B 型，是根据 Mod-Ax 计划在 E-2A 上安装 L-304 通用电子计算机，并改进电子设备可靠性的改装型，到 1971 年 12 月已将能用的 51 架 A 型全改为 B 型；C-2A，用于岸上基地与航空母舰之间的客货运输；E-2C，现正在生产的具有有限陆上下视能力的预警机，共生产原型机 2 架，于 1971 年 1 月 20 日首次试飞。E-2C 共有订货 164 架，除美国海军外，以色列订 4 架，日本 13 架，埃及 11 架，新加坡 4 架。到 1990 年初已交货 130 架。

技术性能数据

翼展（机翼伸开）：24.56 米
（机翼折叠）：8.94 米
展弦比：9.3
机长：17.54 米
机高：5.58 米
雷达天线罩直径：7.32 米
雷达天线罩厚度：0.79 米
螺旋桨直径：4.11 米
翼面积：65.03 平方米
空重：17859 千克
最大起飞重量：24161 千克
最大载油量（带副油箱）：8990 千克
（不带副油箱）：5630 千克
最大翼载荷：3.64 千克 / 平方米
最大功率载荷：3.59 千克 / 千瓦
最大平飞速度：626 千米 / 时
最大巡航速度：602 千米 / 时
巡航速度（转场）：480 千米 / 时
进场速度：191 千米 / 时
失速速度：138 千米 / 时
实用升限：11275 米
起飞滑跑距离：564 米
转场航程：2865 千米
值勤持续时间（值勤点离母舰 320 千米）：4 小时 24 分
续航时间（最大载油量）：6 小时 15 分

C-17“环球霸王”运输机

技术性能数据

机长：53.04 米
机高：16.79 米
机翼展弦比：7.16
货舱长度（包含 6.05 米长的机尾装卸跳板）：26.82 米
最大宽度：5.49 米
最大高度：4.11 米
容积：592 立方米
使用空重（A）：126100 千克
最大载重（A）：76655 千克
最大起飞重量（各型）：265350 千克
最大翼载荷：751.6 千克 / 平方米
正常巡航速度（高度 8535 米）：0.74~0.77 马赫数
低空巡航速度：648 千米 / 时
实用升限：13715 米
航程（无空中加油）
A（载重 36287 千克）：7630 千米

C-17 是由美国麦克唐纳·道格拉斯公司最新研制的重型战略战术运输机，将取代 C-141、C-5 及 C-130 战略、战术运输机。

1980 年 10 月，美国空军发出了研制新一代战略战术运输机 C-X 的招标，1981 年，几家飞机公司相继参加投标。8 月 29 日，麦克唐纳·道格拉斯公司被选为主承包商。1991 年 6 月，原型机试飞上天，1993 年开始交付试用，目前仍在发展与生产中，单价高达 1 亿多美元。由于开支过大，原计划采购 210 架的想法估计很难实现。目前，只有 C-17A 在制造中，它将成为 21 世纪初西方主要的战略空运机型。

伊尔 -76 运输机

1974 年，苏联伊留申设计局设计了伊尔 –76 中远程重型运输机，北约代号“耿直”。目前伊留申设计局已改制为莫斯科的伊留申航空股份公司联合体和乌兹别克斯坦塔什干市的塔什干飞机生产企业。

第一架伊尔 –76 原型机于 1971 年 3 月 25 日在莫斯科中央机场首次试飞，同年在第 29 届巴黎国际航空博览会上公开展出。1974 年由苏联空军航空运输司令部进行验收鉴定，认为飞机达到要求。试飞持续到 1975 年结束，尔后投入批量生产并交付部队和民航使用。到 1992 年年初，共生产 700 多架，年产量在 50 架以上。

目前伊尔 –76 在俄军中被用作作战支援运输飞机，用于运送步兵和轻装甲部队，能在简单的前线机场起降。除俄罗斯空军和民航使用数百架伊尔 –76 运输机外，还有 100 多架出口到世界上很多国家，如阿尔及利亚、伊朗、英国、叙利亚、印度、捷克、波兰、伊拉克、利比亚、阿富汗、古巴和中国等。

技术性能数据

翼展：50.50 米
展弦比：8.5
机翼面积：300.00 平方米
机长：46.59 米
机高：14.76 米
机身最大直径：4.80 米
主轮距：8.16 米
前后轮距：14.17 米
机尾装载入口（宽 × 高）：3.40 米 × 3.46 米
机身两侧门（宽 × 高）：0.86 米 × 1.90 米
货舱长（含货桥，伊尔 –76MF 除外）：24.50 米
货舱长（不含货桥，伊尔 –76MF 除外）：20.00 米
货舱长（含货桥，仅伊尔 –76MF）：31.14 米
货舱长（不含货桥，仅伊尔 –76MF）：26.60 米
货舱内地板宽度：3.45 米
货舱内最大高度：3.40 米
货舱容积：235.3 立方米
空重：70000 千克
最大商载：40000 千克
最大燃油重量：70000 千克
最大着陆重量：155000 千克
最大翼载荷：5.56 千牛 / 平方米
地板最大允许压力：0.30 × 105 帕
极限速度 LL：0.77 马赫数
最大平飞速度 LL：600 千米 / 时
T、TD：850 千米 / 时
巡航速度 T、TD：750 ~ 800 千米 / 时

第 5 章

导弹是依靠自身动力装置推进，由制导系统控制飞行并导向目标的武器。由弹头（战斗部）、弹体、推进系统、制导系统和电源等组成。在武器发展史中，导弹的出现和发展是质的飞跃。

美国“复仇者”地空导弹

导弹分类简表

分类方法	导弹分类	
按作战使命分	战略导弹	攻击型导弹
		防御型导弹
	战术导弹	攻击型导弹
		防御型导弹
按飞行方式分	弹道式导弹	
	有翼 / 巡航导弹	
按发射位置分	陆射导弹	固定发射导弹
		机动发射导弹
	海射导弹	潜射导弹
		舰射导弹
	空射导弹	
按导弹射程分（指弹道导弹和巡航导弹）	洲际导弹	
	远程导弹	
	中程导弹	
	近程导弹	
按作战任务（目标）分	攻击地面（战略、战术）目标导弹	
	防空导弹	
	反舰（潜）导弹	
	反辐射导弹	
	反坦克（装甲目标）导弹	
	反弹道导弹导弹	
	反卫星导弹	

“复仇者”是新研制的全天候防空系统，20 世纪 90 年代初装备美国陆军师，主要掩护该师的后方地域。

车上配有前视红外装置、激光测距机、光学瞄准镜和用于自卫的 12.7 毫米机枪。这是美国陆军第一种具有“打了就不用管”能力的防空系统，在海湾战争中首次实战使用。

最大射程 5 千米，最大射高 3000 米，系统全重 3.9 吨，方向射界 360 度，高低射界 –10 度 ~+70 度。

美国“爱国者”地空导弹

“爱国者”是机动式全天候多用途中远程防中高空导弹系统，1983年开始装备美国陆军，外销德国、沙特阿拉伯、韩国等国家及中国台湾地区。

“爱国者”配备世界最先进的AN/MPQ–53相控阵雷达，导弹采用无线电指令与“经由导弹跟踪”相结合的制导方式，动力装置为单级固体燃料火箭。现已研制成“爱国者”PAC–2，并正在研制“爱国者”PAC–3。

海湾战争中，“爱国者”PAC–2曾用于拦截“飞毛腿”地地战术导弹，开创了在实战中以地空导弹成功拦截弹道导弹的先例。最大射程80千米，最大射高24000米。弹重800千克，雷达作用距离150千米。

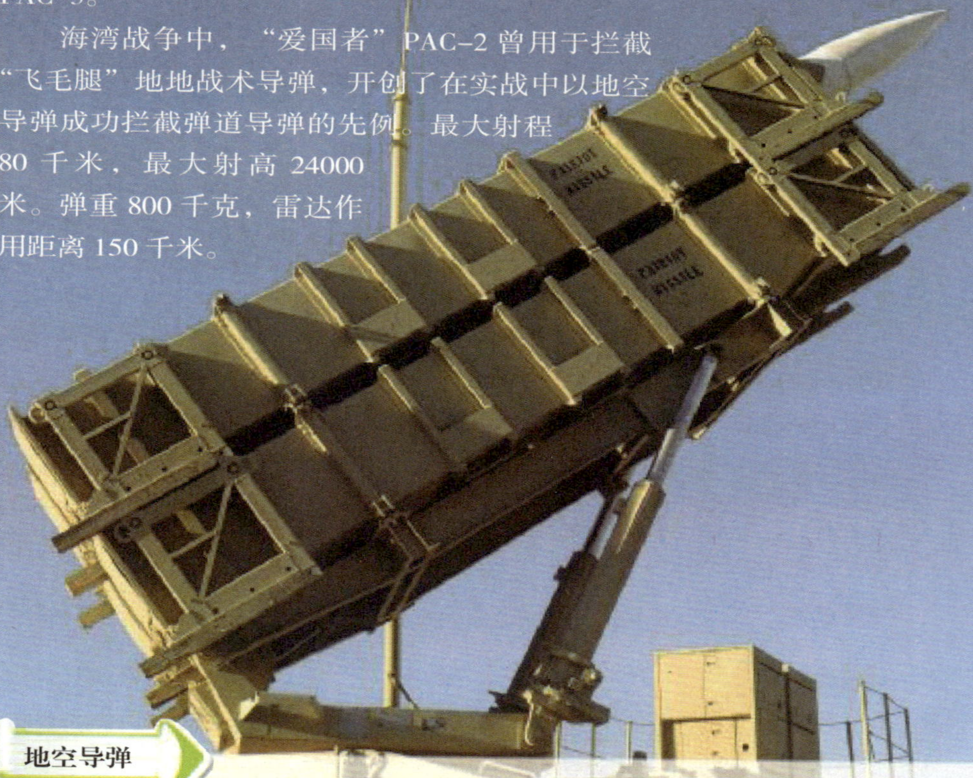

地空导弹

地空导弹通常也称防空导弹，按对空作战空域可分为低空、中空和高空；按载体可分为单兵携载或地面车载；按作战用途分国土防空导弹和野战防空导弹；按攻击目标可分为反飞机防空导弹、反飞机反导通用型防空导弹、反导专用型防空导弹、反卫星专用防空导弹、反辐射专用型防空导弹。

俄罗斯 C-300 地空导弹

俄罗斯 C–300 是一种全天候中远程中高空地空导弹系统，也是俄罗斯目前最先进的武器系统之一。1985 年开始服役，具有拦截导弹和多种飞机的功能。

一个 C–300 导弹连一般包括 12 辆导弹发射车和一部多功能相控阵雷达。每辆发射车上装有 4 枚待发导弹。导弹配用破片式战斗部，采用“经由导弹跟踪”的半主动雷达寻的制导方式，并以垂直方式发射。

最大射程 90 千米，射高 25~30000 米，雷达作用距离 100 千米，目标最大速度 4200 千米 / 时。

寻的制导

由导弹上的导引头（或称目标跟踪器）感受来自目标的辐射或散射能量，自动寻找、跟踪目标并形成制导指令，控制导弹飞向目标的制导方式。通常分为主动寻的、半主动寻的和被动寻的三种。

美国“标枪”反坦克导弹

“标枪”是美国20世纪80年代中期开始研制的第四代反坦克导弹，1996年正式列装，取代现装备的“龙”导弹，能有效打击最新式的坦克目标。

“标枪”是目前世界上性能最优异的反坦克导弹，采用技术最先进的红外热成像制导方式，真正具备“打了就不用管”能力，即导弹发射后能自动跟踪攻击目标，不需任何人为干预。

配用串联式战斗部，弹长1220毫米，弹径127毫米，弹重12.1千克，射程50~2000米，整个系统重22.6千克。

▲“标枪”反坦克导弹发射瞬间

反坦克导弹

反坦克导弹是第二次世界大战末期研制成功的小型制导武器，于20世纪50年代中期由法国率先投入使用，继而在众多国家掀起研制高潮。它的问世标志着反坦克武器从“无控”时代进入“有控”时代。

半个多世纪以来，反坦克导弹经历了“四代”发展，战术技术性能数据显著提高，已成为世界各国反坦克武器的主体。第一代导弹需要射手同时瞄准目标并控制导弹，已被淘汰；正在服役的主要是第二、三代及其改进型，它们只要射手瞄准目标或以激光器照射目标即可；第四代绝大多数正处于研制中，“打了就不用管”是其基本特征。

美国“龙”反坦克导弹

“龙”是美军1974年装备的第二代单兵便携、肩射反坦克导弹，主要用于中距离反坦克，可攻击坦克、步兵战车和其他装甲车辆，也可攻击野战工事等目标。

导弹的动力装置为向后斜置于弹体上的60个小型固体燃料火箭发动机。弹长746毫米，弹径114毫米，弹重6.13千克，破甲厚度500毫米，射程25~1000米，系统全重13.47千克。

“龙”导弹由三部分组成：前部为战斗部，中部为发动机，后部为控制舱。中部壳体上装有60个小固体燃料发动机，为导弹提供推力和控制力。导弹的飞行偏差由尾部红外信号发生器发出，光学跟踪的红外测角仪接到信号后，将偏差信号送给导弹上的计算装置，从而控制小发动机点火以调整导弹的飞行方向。

“龙”导弹射程近、威力小，其改进型“龙2”、“龙3”的射程和威力都有大幅度提高。

日本79式“重马特”反坦克导弹

“重马特”是日军1976年装备的第二代重型远程反坦克导弹，既可攻击地面坦克装甲车，也可在反登陆作战中攻击小型登陆舰艇，起到海岸炮的作用。

导弹采用目视瞄准，红外自动跟踪、有线传输指令制导方式。弹长1565毫米，弹径152毫米，弹重30千克，系统全重103千克，破甲厚度500毫米，最大射程4000米。

俄罗斯“飞毛腿”B地地战术导弹

“飞毛腿”B是俄罗斯的地地战术导弹，是“飞毛腿”A的改进型，自1962年起开始服役，目前已成为世界上广泛装备的一种导弹。该导弹曾先后用于第四次中东战争、两伊战争和海湾战争，并取得良好战果。俄罗斯现装备的改进型性能有所提高。

射程50~300千米，弹长1116毫米，弹径880毫米，弹重6300千克，常规弹头重1000千克，核弹头当量1~100千吨，圆公算偏差300米。

战术导弹

用于支援部队战斗行动或直接打击战术目标的导弹。可携带常规、特种或核战斗部，射程1000千米以内。主要打击战役战术纵深内的导弹或炮兵阵地、机场、港口、坦克、飞机、舰艇、雷达、交通枢纽、指挥所、集结的部队等目标。

飞毛腿导弹

飞毛腿导弹是苏联在冷战时期开发的一系列的战术弹道导弹，并被广泛出口。这个名称是从“北约官方名称”——SS-1飞毛腿得来的，是西方的情报局将“飞毛腿”这个词与一种导弹联系起来的。这种导弹的俄文名字是R-11（第一个版本）和R-300 Elbrus（后来的一个版本）。飞毛腿这个名字被媒体等不止用作这两种导弹，而且还指别的国家根据苏联原型广泛发展的许多种导弹。

美国“潘兴”2 地地战术导弹

“潘兴”2 是美国陆军装备的武器，1983 年开始在联邦德国部署 108 枚，1985 年在美国本土部署 42 枚。主要用于打击华约国家的指挥所和交通枢纽等目标。导弹配有集束式常规弹头（装 76 个子弹头）和核弹头，采用惯性和雷达区域相关制导系统和两级固体火箭发动机，发射设备主要有运输发射车、发射控制车和制导设备车等。

射程 160~1800 千米，弹长 10 米，弹径 1 米，弹重 7200 千克，核弹头重约 1360 千克，弹头当量 1~2 万吨，圆公算偏差约 40 米，公路机动速度 60 千米 / 时。

“潘兴”1导弹

美国陆军固体机动地地战术导弹，用于取代“红石”液体导弹，对战区进行快速支援或对前线部队进行一般性支援。1958年3月美国陆军选定了马丁·马丽埃塔航空航天公司作为主承包商。1960年2月25日，“潘兴”1导弹作首次飞行试验。经过15次研制性飞行试验之后，于1962年6月交付使用。

“潘兴”1导弹是依照机动、可靠和便于维护使用等原则设计的。它是一个自容系统，整个导弹系统装在4辆履带车上运输和发射，也可用直升机和飞机空运。

美国“和平保卫者”战略导弹

“和平保卫者”导弹是美国大型固体洲际弹道导弹，导弹代号 MGM–118A，原名先进洲际弹道导弹，即 MX 导弹。

主承包商是马丁·马丽埃塔公司，1971 年由战略空军司令部提出研制，1973 年成立 MX 导弹计划局，开展预先研究工作。1976 年 3 月进入方案论证阶段，1979 年 9 月开始全面工程研制，1983 年 6 月 17 日作第一次研制性飞行试验，这类飞行试验计划进行 20 次。1986 年开始部署，先在经过改装和加固的“民兵”Ⅲ导弹地下井中部署 50 枚。

MX 导弹计划的总费用达 332 亿美元，每枚导弹的费用约为 6637 万美元（1983 财政年度的美元值）。

“和平保卫者”洲际弹道导弹装载的 W–87 型核弹头当量在 335000 吨，其圆公算偏差值在 0.05 海里，可以说是现今最精确有效的弹头。它被认为有足够的能力摧毁任何强化工事目标，包括特别强化的陆基洲际弹道导弹掩体及首长的防护掩体。

美国“民兵”战略导弹

“民兵”弹道导弹是一种比“和平保卫者”略小的三级火箭系统，其最新的改进型“民兵”Ⅲ在 1970 年开始部署，可以携带 3 个核弹头。但根据 1992 年美国签署的武器控制公约，“民兵”的核弹头已经减少到 1 个。

目前在美国的核武器库当中，大约有 500 枚的“民兵”Ⅲ洲际弹道导弹。海军上将艾里斯称，今后“和平保卫者”退役，“民兵”Ⅲ将成为美国唯一的陆基可携带核弹头的洲际弹道导弹。

“民兵”Ⅲ型洲际弹道导弹发射试验

美国“大力神”Ⅱ战略导弹

“大力神”Ⅱ导弹是在美国第一代战略导弹“大力神”Ⅰ战略导弹基础上，研制的一种两级液体燃料单弹头洲际弹道导弹，编号LGM－25C。该弹由洛克希德·马丁公司研制，主要用于攻击地面目标。属美国第二代战略导弹，是美国核武器库中保存最久的一种液体燃料战略导弹。

▲1966年9月12日“大力神”Ⅱ型洲际导弹发射双子星11号。

进入发射井时需经过5道安检门，其中有两道钢门都厚达30厘米，每扇门重达3吨。在每道门前都先要与值班人员通过电话联系才可打开。其中1道门还需报出由6位数字组成的一组密码才能进入，这组密码只可使用一次，用完立即注销。根据规定，控制室内任何时候都必须有两人共同值班，发射时，必须两人的钥匙同时拧动，才能启动控制设备。

发射井由控制中心、通道与防火区和导弹井三个地下部分组成。

根据设计，1枚“大力神”35分钟后就能击中目标，而导弹头内的核爆炸装置，能毁灭一座有100万人口的城市。这些战略导弹在历史上都只发挥过战略威慑作用而没有真正投入实战。

俄罗斯“白杨”-M战略导弹

“白杨”–M 导弹是一种使用固体推进剂的三级洲际弹道导弹，装备有惯性自动制导系统，可进行固定发射井和水下机动发射，射程超过 1 万千米。

弹长 22.7 米，弹径 1.95 米，弹头重 1.2 吨，发射重量 47.2 吨。

俄罗斯已从 2000 年起每年部署 35~40 枚这种新型导弹，同时逐步淘汰旧式导弹。

速燃技术

“白杨”–M导弹是一种三级固体导弹。其第一级、第二级取自SS–20，但采用了大推力速燃发动机技术，第一级还安装了大直径新型速燃固体发动机，推进剂的装填量相当大。第三级是新研制的，采用了最先进的推进剂——复合推进剂丁羟加奥克托金。

在结构设计上，该导弹还首次采用了3台巡航固体燃料发动机，使导弹的功率更加强大，具备助推段快速助推和机动助推的能力，能够在飞行初始段很快加速，不仅大大缩短了发动机的助推段工作时间，而且整个飞行过程所需要的时间也比以前的战略导弹大大缩短。

新型发动机技术还使“白杨”–M导弹能在大气层内实现关机，从而使天基红外探测器难以发现、监测和跟踪导弹的行踪，有如销声匿迹一般。这样，NMD（National Missile Defence，美国国家导弹防御系统）就难以对其实施有效的跟踪和拦截。